华北地区玉米清洁稳产种植模式研究

张继宗　张亦涛　等 著

中国农业科学技术出版社

图书在版编目（CIP）数据

华北地区玉米清洁稳产种植模式研究 / 张继宗，张亦涛等著．—北京：中国农业科学技术出版社，2017.4

ISBN 978-7-5116-2880-0

Ⅰ.①华… Ⅱ.①张…②张… Ⅲ.①玉米-栽培技术-华北地区 Ⅳ.①S513

中国版本图书馆 CIP 数据核字（2016）第 295034 号

责任编辑 贺可香
责任校对 马广洋

出 版 者 中国农业科学技术出版社
北京市中关村南大街 12 号 邮编：100081
电　　话 （010）82109194（编辑室） （010）82109702（发行部）
（010）82109709（读者服务部）
传　　真 （010）82106650
网　　址 http://www.castp.cn
经 销 者 各地新华书店
印 刷 者 北京富泰印刷有限责任公司
开　　本 710mm×1 000mm 1/16
印　　张 14.5
字　　数 280 千字
版　　次 2017 年 4 月第 1 版 2017 年 4 月第 1 次印刷
定　　价 48.00 元

《华北地区玉米清洁稳产种植模式研究》

著者名单

指导专家　刘宏斌　尹昌斌　任天志
　　　　　文宏达　邹国元　左　强

主　　著　张继宗　张亦涛

著　　者　（按姓名拼音首字母）
　　　　　和　亮　刘培财　习　斌
　　　　　张春霞　张亦涛　张继宗

目　　录

上篇　露地农田玉米最佳种植模式研究

下篇　设施菜地填闲玉米清洁高产种植模式研究

绪　论

一、农田作物种植

（一）大田农业发展史

人类祖先从采集和狩猎为生的实践中，逐步摸索出了动植物的驯化和利用规律，自此人类开始了1万多年的农业生产历史。在这一悠久而漫长的发展历史中，农业种植模式、土地利用方式、生产工具、思想意识等都不断发展，并且不同地区的发展随气候、地形、地理、地貌、时间等条件的改变而有所差异。同时，随着人类认识自然和改造自然能力的增强，农业生产工具、生产技术、生产结构、生产内容、生产规模和生产布局都有或多或少的变化，从而区分出不同的农业生产阶段。就世界范围看，农业生产大体上经历了原始农业、古代农业和现代农业3个阶段。原始农业是指以磨制石器工具为主，采用撂荒耕作方法并通过简单协作的集体劳动方式来进行生产的农业，此类农业开始于新石器时代，在中国、埃及、印度、西亚和美洲等地均有分布。古代农业即传统农业，是指以使用铁、木等农具为主，利用人力、畜力、水力、风力和自然肥料等，并凭借直接经验从事生产活动的农业，此类农业代表性地区是中国、希腊、罗马、西欧等。现代农业是指以工业技术装备、以实验科学为指导、主要从事商品生产的农业，此类农业主要依靠机械、化肥、农药和水利灌溉等技术，是由工业部门提供大量物质和能源的农业。自20世纪初机械和化肥应用以来，世界大多数国家都进入了现代农业发展阶段，而根据技术发展水平的不同，某些国家的现代农业还可分为近代和现代两个时期。

从世界农业发展的历史来看，中国农业发展贯穿了整个人类的农业发展史，历经上万年的农业发展和农业变革，其中，中国的黄河、长江流域是世界农业的起源中心之一。农林牧副渔是当前中国农业的主要生产结构，但数千年以来一直以种植业为主，尤其是粮食生产占主要地位。在传统的观念里，种植粮食基本上就是农业生产；这是因为农业是原始社会和封建社会最主要的生产部门，它的发展为当时社会的发展提供了基础。社会经济制度、自然条件特点和变化，人口的消长、转移和分布，民族的交流、融合和斗争，都与农业生产的发展阶段有着密切的关系。农业生产的发展与社会历史发展的阶段性有时是一致的，原始社会时期以原始农业为主，尤其是新石器时代已经产生了比较成熟的农耕文明，小米和水稻等已经在这一时期开始种植。封建社会时期跨过了漫长的时代，经历了数十个朝代变迁，也积累了大量的农业生产实践经验和生产技术并被记录下来，形成了精耕细作的技术体系，其中，贾思勰所著的《齐民要术》是中国保存得最完整的古农书巨著。此外，《农桑辑要》《王祯农书》《农政全书》《授时通考》等都展示了其所处时代的农业生产发展水平。在长达两三千年的发展过程中，中国农业曾经领先世界，在农艺水平和单位面积产量等方面居于古代世界的前列，也经历过漫长的停滞，近代更是伴随着帝国主义的入侵而长期落后于资本主义国家。新中国成立前后，中国共产党也为我国农业生产发展做了大量工作，并且随着半封建半殖民地制度的废除和社会主义制度的建立，中国农村经济迅速恢复和发展，工业进步也为农业变革提供了良好契机，尤其是改革开放以来，中国农业快速发展，不但解决了十几亿中国人的吃饭问题，对世界农业进步也做出了积极贡献，取得的辉煌成就举世瞩目。

中国农业的技术成就对世界农业发展具有巨大影响，主要特色在于“精耕细作”，从刀耕火种的原始农业开始，旱地作物种植就已相当普遍，经过传统农业时代的农业技术发展，旱地农业的精耕细作已然形成并日臻成熟，单种、复种、轮作、连作、间作套种、混种、撂荒休闲等耕作制度也在生产实践中被总结出来。早在汉代，人们对因地种植、轮作、复种就有了深入认识，并积累了大量关于耕作制度方面的历史文献，其中《齐民要术》已有“顺天时，量地利，则用力少而成功多；任情返道，劳而无获”和“谷田必须岁易”的论述，并记载了轮作顺序和轮作作物的必要性“凡谷田，绿豆、小豆为上，麻、黍、故麻次之，芜菁、大豆为下”；《陈旉农书》提出了“地力常新壮”的论点，并经过宋、元、明、清等朝代的完善；至20世纪50年代初，中国结合本国农业生产实际和耕作制度发展，开始应用现代科学在实践上发展、充实了有关作物布局、复种、间作、套作以及用地养地结合等方面的内容。长期以来，中国旱地多采用以一年一熟、一年两熟、一年三熟、两年三熟、三年四熟的禾谷类作物轮作为主，或禾谷类作物、经济作物与豆类作物、绿肥作物轮作等。精耕细作与现代农业技术特别是农业机械化相结合因地制宜地提高了复种指数，为满足人口增加的粮食需求，实行复种轮作制也成为中国主要农业耕作制度发展的基本方向。

早在公元前32年至公元前7年，中国就开始出现了混作、间作种植。

西汉《氾胜之书》中记载了瓜豆的间作种植，北魏的《齐民要术》叙述了桑间作绿豆或小豆、葱间作胡荽的种植模式，明代以后麦豆间作、棉麦套作、间作稻等种植模式开始普及。新中国成立初期，我国工业尚不发达，农用化学品施用不足，互惠互利的种植模式为粮食生产做出了一定贡献，其中间作种植面积迅速扩大，包括高秆作物间作矮秆作物、粮林间作、粮油套种、禾本科作物间作豆科作物、禾本科作物间作等，尤以玉米与豆类作物间作最为普遍，广泛分布于华北、东北、西北和西南各地。

（二）设施菜地种植发展史

我国农业种植由来已久，历史上虽然以种植满足人类粮食需求的禾谷类作物外，但蔬菜栽培历史同样悠久。早在距今七八千年的新石器时代，野菜就已经成为人类的采集对象，并在一些地区开始栽培蔬菜。《诗经》不但是中国最早的诗歌总集，还最早记录了我国野生蔬菜的种植，其中有关蔬菜的诗句呈现出了当时专门栽培蔬菜的菜圃，同时还记载了在春夏两季将打谷场耕翻后用来种菜。《诗经》提到的蔬菜有20余种，如荇“参差荇菜，左右流之。窈窕淑女，寤寐求之”，荠菜“谁谓荼苦，其甘如荠”等。汉代以后，蔬菜种类不断增加且不断变化，至清末的主要栽培种类达到60余种，但均以露地栽培为主，人们基本上只能食用当季的蔬菜。《齐民要术》记载了菜地栽培方式和高产技巧，并且间作套种也在蔬菜生产中发展起来，逐步形成了蔬菜间作蔬菜、禾谷类作物套种蔬菜、蔬菜套种经济作物等。

除传统的农田作物露地栽培以外，人们在露地不适合作物生长的季节和地区，采取一定措施或采用特定设备，创造适宜作物生长的环境，用于生产反季节或跨区域作物，这一栽培方式称为温室栽培。不同于露地农田的禾谷类作物，采取温室栽培的作物多以花卉、蔬菜等高经济附加值或反季节作物为主。我国古代人们利用温室技术的历史远早于世界其他国家，汉朝学者卫宏的《诏定古文官书序》中透露出秦朝温室栽培技术的信息，“秦即焚书，恐天下不从所改更法，而诸生到者拜为郎，前后七百人，乃密种瓜于骊山陵谷中温处”，并据唐代颜师古《汉书·儒林传》考证，此“温汤之处”有温泉，水温达42℃，因而“温处”即说明秦朝人们已经懂得利用大自然条件所创造的避风保暖坑谷来栽培瓜果了。此后的《盐铁论·散不足》记载了西汉时期贵族利用温室享受“冬葵温韭”。长期以来，温室技术为封建社会的达官贵人们提供了享用反季节蔬菜的机会，《汉书·循吏传》记载“太官园种冬生葱韭、菜茹，覆以屋庑，昼夜燃蕴火，待温气乃生”。此后，温室技术不断进步，从单纯利用自然增温发展到温室内生火、温室地下火道升温等，并利用温室进行花卉、苗木的栽培生产。直到明朝时期，温室栽培技术才得以在民间推广，成为正常的农业栽培方式，明末杨士聪的《玉堂荟记》记载“京师花卉瓜果之属，皆穴地温火而种植其上，不时浇灌，无弗茂盛结实，故隆冬之际，一切蔬果皆有之”。

从世界范围看，我国成熟的温室栽培技术历史领先世界近两千多年。根据罗马哲学家塞内卡记载，公元前42年的罗马 Tiberlus 王朝已经有了利用增温技术提早收获黄瓜的意识，这可以被认为是西方温室的雏形；1385年法国首次利用玻璃亭子栽培花卉，而根据《大不列颠百科全书》所述，西欧最早在17世纪才有了温室栽培技术，名为“绿色的房屋”（Greenhouse），此后该技术随着移民进入美国，1737年美国在波士顿建造了第一座温室，用于水果种植。1830—1840年，日本开始利用“油纸”做覆盖材料的温室技术栽培蔬菜瓜果等，1880年英国商人 Samuel Cocking 为出口药材在日本建立了第一座温室。然而，进入20世纪以后，世界各资本主义国家温室技术迅猛发展，无论温室设施、环境控制设备和手段，还是栽培技术都达到了很高的水平，并形成了设施栽培农业体系；而中国的温室仍以传统的“土方法”为主，并发展缓慢，直到新中国成立后改革开放政策的实施，我国的温室农业才发展起来，学习并借鉴国外先进技术，形成了适合各地区发展的设施栽培温室大棚，目前我国的温室、大棚面积已达到世界第一。

温室栽培技术经过了几千年的实践，主要发展阶段和设施类型可分为：地面覆盖，利用地膜、作物秸秆等覆盖地面保湿增温；近地面覆盖，利用风障、温床等避风增温；塑料拱棚，常见的就是小拱棚；设施温室，可以自动化控制的温室、连栋温室（玻璃温室、塑料薄膜温室）等。这四种设施形式在我国均有存在，在集约化农业发达的华北平原上，设施蔬菜地尤为普遍，现代的设施温室栽培采用计算机模拟最优环境，进行自动调控，达到了高产、省力、省工的目的，不但为农户创造了可观的经济收入，还为满足人们经济基础改善后日益增长的物质需求尤其是供应反季节蔬菜做出了巨大贡献。

改革开放以来，我国设施农业产业发展迅猛，设施类型、作物种类、生产面积以及管理水平等均有明显改善和进步。我国设施面积从起初不到7 000hm^2 发展到近年来的362.7万 hm^2，并从1999年开始一直保持设施园艺第一生产大国的地位，设施园艺面积占世界总面积的85%以上，尤其是设施蔬菜和西甜瓜占世界总面积的90%以上，在解决我国蔬菜周年均衡供应方面发挥了巨大作用（魏晓明等，2010）。2010年全国设施蔬菜面积逾

344 万 hm^2，设施果树面积9.3 万 hm^2，设施花卉约9 万 hm^2，温室和大棚超过230 万 hm^2、塑料小拱棚超过131 万 hm^2、玻璃温室约9 000hm^2（郭世荣等，2012）。

（三）华北平原农业种植

华北平原（32°～40°N，114°～122°E）又称黄淮海平原，由黄河、淮河、海河、滦河冲积而成，面积约30 万 hm^2，是中国东部大平原的重要组成部分。华北平原是中国的第二大平原，地势平缓，自西向东微斜，海拔多不及百米，多在50m以下，东部沿海平原海拔10m以下，是典型的冲积平原，由黄河、海河、淮河、滦河等所带的大量泥沙沉积所致，多数地方的沉积厚达七八百米，最厚的开封、商丘、徐州一带达5 000m。华北平原北抵燕山南麓，南达大别山北侧，西倚太行山—伏牛山，东临渤海和黄海，跨越京、津、冀、鲁、豫、皖、苏7 省市；华北平原的主体包括黄河冲积扇平原、淮河中下游平原、海河中下游平原、滦河下游冲积扇平原等。华北平原河湖众多，交通便利，平原人口和耕地面积约占中国1/5；农田土层深厚，土质肥沃，自然环境良好，是我国小麦、玉米、棉花、花生、芝麻、烤烟、蔬菜等作物种植面积最大的农业区，也是温带果品苹果、梨、柿和核桃、板栗、红枣等的主要产区。

华北平原属大陆性季风气候，四季分明，年均气温10～15℃，冬季月均温0℃以下，夏季月均温20℃以上，光照充足，年降水量在500～900mm，多集中在6～9 月。该区降水在地区、季节、年际间差异较大，在迎受夏季风的山麓地带，暴雨常形成洪涝灾害；而在某些地区春季蒸发量大，降水量少，河流径流量少，经常会出现春旱灾害。华北平原是我国重要的粮食产区和蔬菜瓜果产地，农田以旱作为主，粮食作物为一年两熟制，少量一年一熟制，冬作主要种植小麦，夏作为玉米、小米、大豆、高粱、花生等，一年两熟的玉米、小麦种植面积占所有作物种植面积的60%以上；该地区蔬菜品种多样，叶菜类蔬菜包括菠菜、大白菜、甘蓝、普通白菜（小油菜）、生菜、芹菜、大葱和韭菜；花菜类蔬菜包括花椰菜和青花菜；根菜类蔬菜包括白萝卜和胡萝卜；果菜类蔬菜包括冬瓜、黄瓜、南瓜、西葫芦、茄子、青椒、番茄和菜豆；食用菌类包括平菇和香菇；茎菜类蔬菜包括洋葱、大蒜、生姜、莲藕、马铃薯和莴笋。蔬菜种植包括露地栽培和设施菜地种植两种，其播种面积占所有作物种植面积的15%左右，此外还有梨树、桃树和苹果树等。

我国的设施农业产业主要集中在环渤海湾及华北的黄淮地区，约占全国总面积的60%，其次是长江中下游地区约占全国的20%，第三是西北地区约占全国的7%（郭世荣等，2012）。华北平原的山东省和河北省是设施栽培最发达和集中的地区，设施类型以高效节能日光温室为主。2011年山东省温室面积达23.6万hm^2，其中连栋温室约3 350hm^2，占总量的1.4%，日光温室约8.7万hm^2，占温室总量的36.9%，塑料大棚14.1万hm^2，占总量的59.7%（郭世荣等，2012）。2006年河北省蔬菜种植面积为123.5万hm^2，其中设施蔬菜种植面积50万hm^2，占蔬菜面积的40%以上；中、小棚蔬菜面积21.4万hm^2，大棚蔬菜面积10.9万hm^2，温室蔬菜面积17.6万hm^2。2007年河北设施蔬菜的种植面积发展到51.3万hm^2（李敏和李占军，2011）。

（四）华北平原农业种植环境问题

华北平原是我国重要的粮食和蔬菜生产基地。华北平原是继东北平原后的我国第二大平原，是我国三大粮食主产区之一，其小麦和玉米的播种面积和产量均分别占全国总播种面积和总产量的50%和30%以上。根据2015年农业统计年鉴，北京市、天津市、河北省、河南省和山东省的小麦玉米播种总面积占到各地粮食种植总面积的92%～98%，华北平原的粮食生产对于保证国家粮食安全、维持较高水平的主粮自给率具有重要的战略意义和现实意义。同时，北京市、天津市、河北省、河南省和山东省等五个省市蔬菜种植面积占全国蔬菜面积的23%以上，并且山东省、河南省、河北省的蔬菜种植面积分别居全国的前三位。然而，华北平原农田的施氮量远远高于其他地区，这主要是由于：改革开放以来，化肥工业的发展和国际贸易的深入，农用化学品越来越多，农业集约化生产随之发展起来，相应地肥料投入量也越来越高；当前华北平原的作物生产能力的维持与提高是以耕种的集约化与养分资源的高投入来实现和支撑的。

目前，华北平原小麦—玉米轮作体系中氮肥过量施用已相当严重，高产区氮肥用量已远远超过全国氮肥平均用量。据调查，大部分农民施氮量超过500kg/hm^2，有的甚至超过600kg/hm^2，而对应年均产量约为11.5 t/hm^2（小麦和玉米分别约为5.5t/hm^2和6.0t/hm^2）（赵久然等，1997；马文奇等，1999；巨晓棠等，2002；Chen，2003；崔振岭，2005），施氮量远远超过小麦—玉米达到平均产量的吸氮量311kg/hm^2（小麦和玉米分别约为160kg/hm^2和140kg/hm^2）（赵荣芳等，2009）。氮肥的大量投入加之不合理的施用方式方法，导致华北平原氮肥利用率普遍不高：小麦和玉米的氮肥回收利用率和偏生产力分别为18%、16%和20kg/kg、37kg/kg（Cui et al.，2008a；Cui et al.，2008b），远低于我国小麦（28%）和玉米（26%）的平均氮肥利用率（Zhang et al.，2008），大大低于世界小麦（54%）和玉米（63%）平均氮肥利用率（Ladha et al.，2005）。氮素同位素的示踪试验表明，华北平原农民现有的灌溉和施肥等管理措施下的小麦—玉米轮作体系氮肥利用率很低，小麦、玉米当季和轮作周期的化肥氮利用率分别为22.7%、25.7%、28.4%，并且其氮损失率很高，小麦、夏玉米当季和整个轮作周期的氮肥损失率分别为52.9%、35.7%和47.0%（潘家荣等，2009）。氮肥过量施用不仅导致氮肥利用率低，也降低了小麦和玉米的籽粒品质（金继运等，2004；宋尚有等，2007），同时一部分氮肥残留在土壤中或向大气和水体排放，因而造成土壤、空气和水体的立体污染，具体表现为：水体富营养化（全为民和严力蛟，2002）、地下水污染（张维理等，1995；高旺盛等，1997；陈新平等，2000；赵同科等，2007）、大气污染（章力建等，2005；贾树龙等，2010）和土壤硝态氮大量残留（陈新平等，2000；崔振岭，2005；寇长林等，2005）。华北平原冬小麦—夏玉米轮作体系中，肥料投入约占总生产投入的50%左右，其中主要以氮肥为主，而氮肥的经济效益低又导致农民收入不高。此外，小麦—玉米轮作农田种植历史均较长，除长期大量施肥外，作物种类相对单一，生物多样性差，土地利用率不高，并且一年两熟的集约化种植模式造成了农田生态系统结构愈益简单、光热等自然资源综合循环利用率降低、土壤质量退化、系统整体抗逆自我调节功能弱化等生态问题日益突出，这在一定程度上也限制了华北平原农田生产力的进一步提高。因此，以小麦—玉米轮作为基础，亟须探索一种更加合理高效的种植模式，补充或微调农业种植结构，既能切实有效地提高氮肥利用率、减轻氮肥环境威胁，又能保障农田生产力。

设施栽培在我国也被称为保护地栽培，它是一种集约化程度高、环境设施和技术以及相应操作管理方法配套的综合生产体系。相对于华北平原生产周期较长的大田作物一年二熟制，设施栽培技术的应用使得设施蔬菜生长周期相对较短，复种茬口多，灌溉量大，一年可收获三季甚至是四季，产量高，并且蔬菜经济附加值较高。蔬菜高产出、高收益刺激农民高投入，这就导致每季蔬菜的农资投入量都很高，特别是盲目高量的化肥尤其是氮肥投入，这已成为农户传统蔬菜生产中的普遍现象，蔬菜作物氮肥投入是大田作物的四到十倍（杜连凤等，2009）。设施蔬菜生产的光照、温度、水分、土壤等环境因子与露地蔬菜差别较大，设施农田土壤长期处于高温、高湿、无雨水、高灌溉的环境之中，并且长年保持高投入、高产出及单一化栽培的生产，大量使用化肥、农药及畜禽粪便；设施农田在种植一定年限后，土壤环境质量会发生退化，出现了次生盐渍化、生物学性质恶化与连作障碍、重金属污染及有害物质残留超标等一系列土壤生态环境问题（王登启，2008）。随着近年来蔬菜种植面积的增加，不合理管理措施尤其是氮肥的过量施用带来的环境问题越来越严重。研究表明，设施菜地周边浅层地下水硝酸盐含量在0.8～35.0mg/L（均值10.2mg/L），高于我国地下水Ⅱ类的硝酸盐含量标准（GB 5749—2006），地下水硝酸盐超标率达35%，对居民的身体健康已形成潜在的威胁（闵炬等，2012）。设施菜地氧化亚氮损失占施肥量的比例为0.21%～37.7%，反硝化气体损失占施氮量的比例为1.12%～52%，均显著高于大田粮食作物，并且施肥量越大损失量越大；菜地土壤氧化亚氮排放特征为：排放通量高，排放总量大，占施肥量比例大，反硝化气体损失比例大（王艳丽，2015）。设施菜地氮肥过量施用不仅对地下水和大气产生极大的污染威胁，而且导致蔬菜本身的硝酸盐污染（郭开秀等，2011）。此外，随着人们对蔬菜质量安全越来越重视，菜地土壤重金属富集累积及其污染研究备受关注，曾希柏等（2007）对1989年以来全国蔬菜土壤重金属研究的相关资料进行了系统分析，结果表明我国菜地土壤重金属含量与全国土壤背景值相比出现了明显的富集累积现象，且以Cd和Hg的累积较为明显。

二、国内外玉米种植研究进展

（一）玉米作物

玉米是禾本科玉蜀黍属一年生草本植物，在全世界热带和温带地区广泛种植，是当前重要的粮食作物之一，居三大粮食（玉米、小麦、大米）之首，也是全球种植范围最广、产量最大的谷类作物，从北纬58°到南纬40°均有大量栽培。玉米味道香甜，可做各式菜肴，是全世界各国人民餐桌上不可或缺的食品。全球有1/3人口以玉米作为主食，如玉米烙、玉米汁等。玉米是饲料之王，籽粒、茎叶都是优质饲料，畜牧业发达国70%～75%的玉米消费用于饲料。玉米胚中提炼的油脂，富含不饱和脂肪酸和维生素，营养价值高。玉米还是加工品种最多、链条最长和增值最高的谷类作物，也是工业酒精和烧酒的主要原料，发达工业国家用作工业原料的玉米约占利用总量15%。玉米起源于美洲大陆墨西哥和秘鲁一带的印第安人，迄今有7 000多年的历史，十五世纪哥伦布发现新大陆后，把玉米带到了西班牙。随着世界航海业的发展，玉米顺着地中海沿线推广至全球，并成为世界上最重要的粮食作物之一。我国玉米的栽培历史有470多年，到了明朝末年，玉米的种植已达十余省，2014年我国播种面积在5.6亿亩（15亩=$1hm^2$。全书同）左右，在粮食作物中居第一位。

我国是玉米生产和消费大国，发展到现在，我国播种面积、总产量、消费量仅次于美国，均居世界第二位。玉米在我国分布很广，南自北纬18°的海南岛，北至北纬53°的黑龙江省的黑河以北，东起台湾和沿海省份，西到新疆维吾尔自治区及青藏高原，都有一定种植面积。近年来，我国玉米发展势头良好，总体上保持了产需平衡的格局，但产量年际波动较大。2014年，我国玉米产量达到2.2亿吨。随着工业化、城镇化快速发展和人民生活水平不断提高，我国已进入玉米消费快速增长阶段。从未来发展看，玉米将是我国粮食持续稳定发展的关键，挖掘生产潜力、加快玉米发展、保持玉米产量稳定是确保国家粮食安全的重点。

我国露地农田种植的玉米以春玉米和夏玉米为主，华北平原主要种植夏玉米，华北平原北部冷凉地区也有一定面积的春玉米种植，均以雨养为主，灌溉比例低。玉米属于“旱地农业”，基本上“靠天吃饭”，我国玉米最适宜在年降水量800~1 500mm的地区生长，降水量350mm以下的地区需要进行灌溉。根据设施农业的特点，农田基本上是全年封闭，只有在每年的6~9月露地蔬菜上市后，设施菜地处于敞棚休闲状态（占设施菜地面积的60%以上），而北方的降雨主要集中在此时期（占全年降雨量的80%以上），同时鉴于北方设施菜田施氮过量仍较普遍（刘宏斌等，2004），蔬菜收获后土壤硝态氮残留量高，加之设施菜地有机质含量丰富、微生物活跃，有机氮矿化能力强，在没有植物利用或缺乏有效利用的条件下，土壤硝态氮淋失风险极大。夏季敞棚休闲期成为我国北方设施菜地土壤硝态氮淋失的重要时期，而休闲期种植填闲作物可以吸收土壤氮素、降低耕作系统中的氮淋失损失，并将所吸收的氮转移给下季作物（Vos et al.，1998）。研究表明，甜玉米作为填闲作物在夏季种植，可以减少北方设施菜田硝态氮淋失、降低地下水污染风险（习斌等，2011）。

（二）玉米高产种植

作为世界上最主要的粮食作物之一，玉米也是大田最普遍的主栽作物，然而根据土壤、气候、植被、环境、地形、地质等特点，不同地区的玉米栽培方式有所差异，这一差异体现在玉米品种、播期播法、播种密度、种植制度等方面的不同上。选择适应当地气候环境的品种是玉米高产的重要基础，耐密植、抗病虫害、抗倒伏、产量潜力高等均是优良玉米品种的集中表现（陈国平，1992）；高密度种植也是高产的关键，密植可以形成均匀整齐、高效利用光能的群体结构，高产田的平均密度应该保持在每公顷 10 万株左右（李德强，2002；陈国平等，2012）。玉米可以采取多种种植制度，除玉米清种（一年一季春玉米、小麦—玉米轮作中的夏玉米）外，还可以进行以玉米为主栽作物的间、套、混种等；美国、阿根廷等玉米主产区基本采取一年一熟的春玉米，而我国以复种夏玉米为主，但目前玉米（春、夏）与豆类作物（大豆、绿豆、小豆等）间作也有相当大的面积（何奇瑾，2012）。间、套、混种的种植制度是我国农民在长期生产和实践中积累的宝贵经验，可以做到一地多熟，一季多收，有利于发展多种经营，增加复种指数，提高单位面积产量和总经济收益。

美国是世界最大的玉米生产国，产量占全世界玉米总量的 40% 左右，这主要源于其在品种选择、耕作栽培技术、农场经营管理等方面的突出优势；美国也是世界上机械化、规模化、高产高效生产管理技术最先进的国家之一（李少昆，2013）。从美国玉米种植的历史看，其玉米生产先是扩大面积而后面积减少且单产提高，玉米面积从 19 世纪末的 1 200万 hm^2 增加到 20 世纪初的 4 000万 hm^2，第二次世界大战后玉米面积开始收缩，由 50 年代 3 143万 hm^2 下降到 90 年代的 2 822万 hm^2；相应的 19 世纪末至 20 世纪初的 70 年内玉米单产只有 1 500kg/hm^2，此后玉米单产以每公顷 100 kg 的速度增长，直到 90 年代单产增加到 7 240kg/hm^2（张瑛，2000）。自 1914 年以来，美国开展了全国性的玉米高产竞赛，并创造了许多高产纪录（赵久然等，2009）。目前，最新（2015 年）的全球玉米高产纪录是由美国人创造的 32 920kg/hm^2，远远高于我国 2013 年新疆生产建设兵团农六师种植的登海 618 品种获得了 22 680 kg/hm^2 的玉米高产纪录；而全美玉米平均产量为 10 626kg/hm^2，与我国部分试验地块产量基本持平（陈国平等，2012）。

新中国成立后，我国玉米产业取得了长足进步，但与美国等玉米种植优势国家还有很大差距。我国许多地区从 20 世纪 90 年代末到 2006 年自发开展了玉米高产创建活动，经验收并公开发表的 15 000kg/hm^2 以上的高产田有 36 块（陈国平，2005），2006—2010 年共涌现出 159 块 15 000kg/hm^2 以上的高产田，其中 2006 年、2007 年、2008 年、2009 年、2010 年分别为 15 块、21 块、40 块、45 块、38 块，产量达标率占 31.30%（陈国平等，

2012）。在高产田块中，黄淮海夏玉米区仅15块，这也表明我国的夏玉米产量远低于春玉米，夏玉米有充足的增产空间。玉米产量的提高受多种因素的影响，因此，可从多方面下手改善农田管理以创造高产基础。选用高品质杂交玉米品种，可以增加可逆性并高效利用光热水气资源，尤其是在适宜的国内国际环境下，采用经审批的抗除草剂和抗虫转基因品种，达到优质、广适、抗逆、高产、耐密植的栽培目的。通过培肥地力可以提供土壤综合生产能力，其中深松、秸秆还田、深施肥等均可培肥土壤，尤其是前茬作物收获后，立即切碎秸秆耕翻入土以疏松土壤，这样能够增加土壤有机质含量、提高持水能力；将土壤耕层从20cm增加到40cm，可以增加土壤通气性和蓄水能力，有助于根系向土壤深层生长，增强吸收水肥能力（李少昆，2013）。有机无机肥料配施可以尽可能地提供玉米生长所需要的各种营养元素，但其合理施用量的确定是难点所在。合理安排农业种植结构也是玉米持续高产的栽培措施之一，相对高产农田，其前茬作物大部分是大豆，其余为玉米、小麦。美国黄金玉米带多采用一年一熟制的玉米与大豆、牧草轮作，因此，根据我国农田精耕细作的特点，适当地恢复或引入间作套种模式，进一步提高玉米产量并达到一种多收的目的。然而，如何安排才是合理的间套作种植也成为玉米高产的制约因素。

甜玉米是由普通玉米胚乳基因隐性突变引起的，是一种鲜食玉米，也是欧美、韩国和日本等发达国家的主要蔬菜之一。甜玉米的含糖量高、适宜采收期长，因而得到广泛种植，同时甜玉米既可加工各类甜玉米罐头，又可做青嫩玉米食用或速冻加工，在市场上也广受欢迎，其生产前景广阔。过去30年间，我国的食用甜玉米贸易开始于1988年并一直呈净进口状态，然而随着近年来农业科技的发展，相关科研单位和企业不断涉足甜玉米育种和种植，进口势头减缓。我国的甜玉米研究起始于20世纪后期，最早由著名玉米育种家李竞雄院士提出，2014年的第二届全国鲜食玉米学术研讨会证实，我国甜玉米年种植面积居于世界首位，达到600万亩而超过美国了500多万亩。我国的甜玉米生产和加工主要集中在东南沿海地区，其中广东省是最主要的生产基地，浙江省、山东省、河南省等均有部分种植。研究表明，鉴于甜玉米生长期短、生物量大、吸氮量大的特点，在设施菜地休闲敞棚期种植甜玉米且不施肥不灌溉，可以显著吸收设施土壤残留氮素。因此，甜玉米在华北城郊地区多作为填闲作物进行种植，且其产量效益高于其他填闲作物（张继宗等，2009）。

（三）玉米种植环境问题及解决办法

如上文所述，无论春玉米还是夏玉米，要获得高产，施肥优势是施氮是无法回避的问题，然而，华北平原集约化农业生产体系下，玉米种植过程中过量施氮较为普遍，而且玉米生长季恰好处于北方的多雨强雨季节，由此造成的土壤、大气和水环境问题尤为引人注意（Wang et al.，2014）。由于生长条件的不同，小麦是最适宜冬季种植的粮食作物，而玉米一般在春夏季种植，但玉米季的氮肥利用率和氮素表观损失均低于小麦季（赵营，2006）。氮肥施入土壤后，一部分被作物吸收利用而形成产量，大部分通过各种途径损失于环境之中，硝态氮淋失是地下水硝酸盐污染的主要原因之一，而相对于冬小麦季，夏玉米季是氮素淋失的高发期，并且夏玉米生长季节土壤根区内硝态氮大量累积，其深层土体内硝态氮淋失风险远远高于小麦季（孙美，2014）。氨挥发和氧化亚氮排放都是氮肥气态损失的重要途径（Pacholski et al.，2006），冬小麦和夏玉米季的土壤氨挥发损失均主要发生在施肥后14d内，但玉米季来自肥料氮的氨挥发损失量高于小麦季，其累积氨挥发量随施氮量的减少而降低，农户传统施氮模式下氨挥发总量是优化施氮的两倍左右（王秀斌，2009）。玉米季土壤反硝化损失量和氧化亚氮排放量均高于小麦季，其反硝化损失量及氧化亚氮排放量随施肥量减少而降低，并且玉米季农户传统施氮情况下氧化亚氮排放量是优化施氮的两倍以上（王秀斌，2009）。此外，过量施氮还导致二氧化碳等温室气体的大量排放，其中夏玉米季的二氧化碳排放总量和日排放通量分别是冬小麦季的1.3倍和2.9倍（胡小康，2011）。

要解决玉米种植过程中存在的问题，可以采取多种措施，包括优化施氮量、选用优良品种、改善栽培技术、施用缓控释肥及有机无机肥料混施等。需要说明的是，每种单一措施的应用效果都极其有限，综合考量农田现状，多种措施配合应用才能达到最好的效果。根据我国几千年的农业实践和精耕细作的特点，在不改变玉米作物主栽作物的基础上，可以在玉米种植的同时引入豆科作物进行间作或套种，通过构建多样化的种植结构、增加物种多样性，从而改善资源利用、促进氮磷等营养元素吸收、提高土壤质量（Liu et al.，2013），已有研究表明，间作、套种等合理的农业活动对维持农田生态系统的可持续性具有重要意义（McLaughlin and Mineau，1995）。

同一农田地块上，传统的长年小麦玉米轮作体系种植结构简单、作物种类单一，并由此导致了一系列问题，包括病虫害越来越严重（Agegnehu et al.，2008），土地资源利用率低，光热水气等自然资源无法充分利用等（Munz et al.，2014）。病虫害是影响作物产量的主要因素之一，作物结构简单、种植方式单一、食物链条短、稳定性差等是导致病虫害严重发生的重要原因。通过玉米间作豆科作物不仅可以提高群落多样性和系统的稳定性，还可以增强作物的抗病虫害能力，有利于防治病虫害的发生（冯晓敏，2015）。与单作相比，合理密度种植的间作系统，可以在不影响主栽作物的前提下，多收获一季其他作物，从而增加了收获物种的多样性，也能够在一定程度上提高人们食物的多样性；此外，间作系统还能够改变复合群体的光合特性、生理生态特性，增强光照面积和空气流通（朱有勇等，2004），具体表现为通过矮秆与高秆、禾本科和豆科、耐阴作物与喜光作物、宽叶和窄叶的合理组合达到充分利用光能、提高作物光能利用率的效果（冯晓敏，2015）。

参考文献

曾希柏，李莲芳，梅旭荣. 2007. 中国蔬菜土壤重金属含量及来源分析［J］. 中国农业科学，40（11）：2 507－2 517.

陈国平，高聚林，赵明，等. 2012. 近年我国玉米超高产田的分布、产量构成及关键技术［J］. 作物学报，38（1）：80－85.

陈国平. 1992. 美国玉米生产及考察后的反思［J］. 作物杂志（2）：1－4.

陈国平. 2005. 玉米栽培研究50年——陈国平先生文集［M］. 北京：中国农业科学技术出版社.

陈新平，周金池，王兴仁，等. 2000. 小麦—玉米轮作制中氮肥效应模型的选择—经济和环境效益分析［J］. 土壤学报，37（3）：346－354.

崔振岭. 2005. 华北平原冬小麦/夏玉米轮作体系优化氮肥管理－从田块到区域尺度［D］. 北京：中国农业大学.

杜连凤，吴琼，赵同科，等. 2009. 北京市郊典型农田施肥研究与分析［J］. 中国土壤与肥料（3）：75－78.

冯晓敏. 2015. 燕麦、大豆、燕麦、绿豆系统生理生态机制研究［D］. 北京：中国农业大学.

郭开秀，姚春霞，陈亦，等. 2011. 上海市秋季蔬菜硝酸盐含量及风险摄入评估［J］. 环境科学，32：1 177－1 181.

郭世荣，孙锦，束胜，等. 2012. 我国设施园艺概况及发展趋势［J］. 中国蔬菜（18）：1－14.
何奇瑾.2012. 我国玉米种植分布与气候关系研究［D］. 北京：中国气象科学研究院.
胡小康.2011. 华北平原冬小麦—夏玉米轮作体系温室气体排放及减排措施［D］. 北京：中国农业大学.
贾树龙，孟春香，杨云马，等.2010. 华北平原区农业立体污染现状与特征［J］. 河北农业科学，14（6）：64－68.
金继运，何萍，刘海龙，等.2004. 氮肥用量对高淀粉玉米和普通玉米吸氮特性及产量和品质的影响［J］. 植物营养与肥料学报，10（6）：568－573.
巨晓棠，刘学军，邹国元，等.2002. 冬小麦/夏玉米轮作体系中的氮素损失途径分析［J］. 中国农业科学，35（12）：1 493－1 499.
寇长林，巨晓棠，张福锁.2005. 三种集约化种植体系氮素平衡及其对地下水硝酸盐含量的影响［J］. 应用生态学报，16（4）：660－667.
李德强.2002. 生长调节剂在不同密度下对高油玉米产量和品质影响的研究［D］. 泰安：山东农业大学.
李敏，李占军.2011. 河北省设施蔬菜产业发展问题与对策［J］. 河北农业科学.15（3）：137－138.
李少昆.2013. 美国玉米生产技术特点与启示［J］. 玉米科学，21（3）：1－5.
刘宏斌，李志宏，张云贵，等.2004. 北京市农田土壤硝态氮的分布与累积特征［J］. 中国农业科学，37（5）：692－698.
马文奇，毛达如，张福锁.1999. 山东粮食作物施肥状况的评价［J］. 土壤通报，30（5）：217－220.
闵炬，陆扣萍，陆玉芳，等.2012. 太湖地区大棚菜地土壤养分与地下水质调查［J］. 土壤，44（2）：213－217.
潘家荣，巨晓棠，刘学军，等.2009. 水氮优化条件下在华北平原冬小麦/夏玉米轮作中化肥氮的去向［J］. 核农学报，23（2）：334－340.
全为民，严力蛟.2002. 农业面源污染对水体富营养化的影响及其防治措施［J］. 生态学报，22（3）：291－299.
宋尚有，王勇，樊廷录，等.2007. 氮素营养对黄土高原旱地玉米产量、品质及水分利用效率的影响［J］. 植物营养与肥料学报，13（3）：387－392.

孙美 . 2014. 华北平原作物产量与土壤氮素淋失对灌溉施肥的响应模拟 [D]. 北京：中国农业大学 .
王登启 . 2008. 设施菜地土壤重金属的分布特征与生态环境风险评价研究 [D]. 泰安：山东农业大学 .
王秀斌 . 2009. 优化施氮下冬小麦—夏玉米轮作农田氮素循环与平衡研究 [D]. 北京：中国农业科学院 .
王艳丽 . 2015. 京郊设施菜地水肥一体化条件下土壤 N_2O 排放的研究 [D]. 北京：中国农业科学院 .
魏晓明，齐飞，丁小明，等 . 2010. 我国设施园艺取得的主要成就 [J]. 农机化研究 (12)：227 – 231.
习斌，张继宗，翟丽梅，等 . 2011. 甜玉米作为填闲作物对北方设施菜地土壤环境及下茬作物的影响 [J]. 农业环境科学学报，30 (1)：113 – 119.
张继宗，刘培财，左强，等 . 2009. 北方设施菜地夏季不同填闲作物的吸氮效果比较研究 [J]. 农业环境科学学报，28 (12)：2 663 – 2 667.
张维理，田哲旭，张宁，等 . 1995. 我国北方农用氮肥造成地下水硝酸盐污染的调查 [J]. 植物营养与肥料学报，1 (2)：80 – 87.
张瑛 . 2000. 美国玉米生产概况及高产栽培技术 [J]. 杂粮作物 (3)：11 – 14.
章力建，蔡典雄，王小彬，等 . 2005. 农业立体污染及其防治研究的探讨 [J]. 中国农业科学，38 (2)：350 – 357.
赵久然，郭强，郭景伦，等 . 1997. 北京郊区粮田化肥投入和产量现状的调查分析 [J]. 北京农业科学，15 (2)：36 – 38.
赵久然，王荣焕 . 2009. 美国玉米持续增产的因素及其对我国的启示 [J]. 玉米科学 (5)：156 – 159，163.
赵荣芳，陈新平，张福锁 . 2009. 华北地区冬小麦—夏玉米轮作体系的氮素循环与平衡 [J]. 土壤学报，46 (4)：684 – 697.
赵同科，张成军，杜连凤，等 . 2007. 环渤海七省 (市) 地下水硝酸盐含量调查 [J]. 农业环境科学学报，26 (2)：779 – 783.
赵营 . 2006. 冬小麦/夏玉米轮作体系下作物养分吸收利用与累积规律及优化施肥 [D]. 杨凌：西北农林科技大学 .
朱有勇，周江鸿 . 2004. 生物多样性保护利用与植物病害的可持续控制

[M].昆明：云南科技出版社.

Agegnehu G, Ghizaw A, Sinebo W. 2008. Yield potential and land – use efficiency of wheat and faba bean mixed intercropping [J]. Agronomy for Sustainable Development, 28: 257 – 263.

Chen X P. 2003. Optimization of the N fertilizer management of a winter wheat/summer maize rotation system in the North China Plain [D]. Stuttgart: University of Hohenheim.

Cui Z L, Chen X P, Zhang F S, et al. 2008a. Soil nitrate N levels required for high yield maize production in the North China Plain [J]. Nutrient Cycling in Agroecosystems, 82: 187 – 196.

Cui Z L, Chen X P, Zhang F S, et al. 2008b. On – farm evaluation of the improved soil Nmin – based nitrogen management for summer wheat in North China Plain [J]. Agronomy Journal, 100: 517 – 525.

Ladha J K, Pathak H, Krupnik T J, et al. 2005. Efficiency of fertilizer nitrogen in cereal production: Retrospects and prospects [J]. Advances in Agronomy, 87: 86 – 156.

Liu Y H, Duan M C, Yu Z R. 2013. Agricultural landscapes and biodiversity in China [J]. Agriculture, Ecosystems & Environment, 166: 46 – 54.

McLaughlin A, Mineau P. 1995. The impact of agricultural practices on biodiversity [J]. Agriculture, Ecosystems & Environment, 55: 201 – 212.

Munz S, Graeff – Honninger S, Lizaso J I, et al. 2014. Modeling light availability for a subordinate crop within a strip – intercropping system [J]. Field Crops Research, 155: 77 – 89.

Pacholski A, Cai G X, Nieder R, et al. 2006. Calibration of a simple method for determining ammonia volatilization in the field-comparative measurements in Henan Province, China [J]. Nutrient Cycling in Agroecosystems, 74: 259 – 273.

Vos J, P E L Vander Puttern, Hussein M H, et al. 1998. Field observations on nitrogen catch crops: II Root length and root length distribution in relation to species and nitrogen supply [J]. Plant and Soil, 201: 149 – 155.

Wang G L, Ye Y L, Chen X P, et al. 2014. Determining the optimal nitrogen rate for summer maize in China by integrating agronomic, economic, and environmental aspects [J]. Biogeosciences, 11: 3 031 – 3 041.

Zhang X Y, Chen S Y, Sun H Y, et al. 2008. Dry matter, harvest index, grain yield and water use efficiency as affected by water supply in winter wheat [J]. Irrigation Science, 27 (1): 1 – 10.

上篇

露地农田玉米最佳种植模式研究

第一章　概　述

一、露地农田种植模式

中国露地农田作物种植历史悠久，长期以来均以种植粮食作物为主，经过数千年的实践，劳动人民创造出了复种、单作、轮作、套种、混作、间作等露地农田种植模式及与之相适应的农田整治、水土保持、肥力培养和土壤耕作等土地保护培养制度，从而形成了精耕细作的农业技术体系，这也为我国当前种植业持续快速发展奠定了良好的基础。

复种也称多次作，是指一年内在同一块土地上连续种植两茬（熟）或两茬（熟）以上作物作物的种植模式。这一模式可以充分利用土地和光热资源，最大限度地开发土地生产能力。常见的如我国北方一年两熟制的冬小麦—夏玉米轮作，南方一年两熟制的小麦—水稻轮作、早稻—晚稻轮作，一年三熟制的早稻—中稻—晚稻轮作、小麦—早稻—晚稻轮作；此外，还有二年三熟、三年五熟等均是我国典型的复种模式。上茬作物收获后，除了采用直接播种下茬作物以外，还可以利用再生、移栽、间作、混作、套种等方法达到复种目的。

单作也称为纯种、清种、净种或平作，是指在一定时期内同一块田地上只种植一种作物的种植模式。这一模式的优点是便于种植和管理，易于实现田间作业的机械化和自动化，有利于作物病虫草害的统治统防。世界上绝大多数作物包括小麦、玉米、水稻、棉花等均以实行单作为主，虽然我国的一些地区盛行间、套作，但单作仍占优势地位。一定时期内，单作既可以单独存在，也可以是复种模式的组成部分，以时长一年为例，在 5 ~ 10 月只种植一季春玉米且其他时间休闲则可称之为春玉米单作，而 6 ~ 10 月单作种植玉米且 10 月至次年 6 月单作种植小麦，这两个连续的单作模式则构成了玉米—小麦轮作的复种模式。

轮作是复种模式的一种，是指一定时期内（季节间和年度间）在同一块田地上有顺序地轮换种植不同作物或复种组合的一种种植模式，在耕作学上的年内季节间轮作以“—”表示，年度间轮作以“→”表示。这一模式是用地养地相结合的一种生物学措施，在一定程度上增加了特定时期内农田物种的多样性，有助于土壤地力恢复。常见的一年多熟条件下既有年间的轮作，也有年内的换茬，如南方的小麦—水稻—水稻→油菜—水稻→苜蓿—水稻—水稻轮作，这种轮作由不同的复种方式组成，因此也称为复种轮作；此外还有在年间进行的单一作物的轮作，如一年一熟的大豆→小麦→玉米三年轮作。轮作模式命名取决于该轮作模式下的主要作物，被命名的作物应占整个轮作区的1/3以上，常见的称谓有禾谷轮作、禾豆轮作、粮经轮作、水旱轮作等。

套种是复种模式的一种，是指在同一土地上，在前茬作物生长后期的株行间播种或移栽后茬作物，使得两种作物有一定的共生期（不超过任一套种作物全生育期的一半），并且保持不同生长比例的种植模式，在耕作学上以“/”表示套种。这一模式是一种集约利用时间和空间的种植模式，体现了作物群落的空间结构原理，通过充分利用光能、空间、时间资源来提高农作物产量。相对于单作种植，套种不仅能阶段性地充分利用土地空间，更重要的是能延长后茬作物的生长季节，使得后茬作物有足够的时间吸收水分和养分，在提高复种指数的同时提高了总产量。

间作是复种模式的一种，是指在同一田地上于同一生长期内同时分行或分带相间种植两种或两种以上作物，并使两种作物共生期超过任一作物全生育期一半的种植模式，在耕作学上以“‖”表示间作。间作模式与套种模式原理相通，区别在于两种作物共生期的长短，套种作物不超过任一作物全生育期的一半，而间作作物共生期至少超过任一种作物全生育期的一半，套种侧重在时间上集约利用光热水气资源，而间作侧重在空间上集约利用光热水气资源。农业生产中有两种间作形式，一是隔行间作，即两种间作作物单行相间种植；二是条带间作，即每种间作作物均有一定幅宽并成条带状相间种植。常见的间作模式如禾本科作物与豆科作物间作，禾本科作物与禾本科作物间作、果树与粮食作物间作等。

一般来讲，间作套种一起表述，不做细致区分。间作和套种均是集约化利用时间和空间的种植模式，被统称为间作套种。此外，还有一种类似原理的种植模式——混作，即将两种或两种以上生育季节相近的作物按一定比例混合种在同一块田地上的种植方式。然而，通常情况下，混作会导致作物群体内部各种作物相互争夺光、热、水、肥、气等资源，而且田间管理极其不便，不适合高产栽培的要求，目前这一种植模式已经很难见到。

我国现有的农田粮食作物种植模式各有其优势（表1-1），因地制宜地选择合适的种植模式，可以最大限度地提高土地生产力，达到高产高效的目的。特别说明的是，间作是复种的一种重要形式，在一年两熟的轮作体系中，引入单季间作的复种模式，可以进一步提高光热水气等资源的利用率及单位土地的利用效率。相对于单作种植，间作优势明显，具有增产、增效、稳产保收、缓解协调作物争地矛盾的作用，并具有营养异质效应、密植效应、边际效应、时空效应与补偿效应等五大效应；间作不仅可以增加作物产量，提高经济效益，还有利于提高作物养分吸收，减少土壤硝态氮残留，一定程度上可以降低氮素淋失风险。其中以玉米与大豆等豆科作物间作最为普遍，这一系统中，豆科固氮可以维持间作系统运转所需的养分，并可将固定的氮素转移到玉米中去，从而减少氮素的投入而降低土壤环境中硝酸盐含量，因此以玉米为主栽作物的间作无论从资源利用方面还是对环境的贡献方面都是一个可持续的生态系统。

表1－1　各种种植模式优缺点对比

种植模式	熟制及收获作物种类	优势	劣势	示例
复种	一年两熟及以上；两种以上	可以收获多种作物，土地利用时间长	化肥农药等投入大，劳动成本高，需要抢时播种及收获	华北小麦—玉米轮作 东南小麦—水稻—水稻
单作	一季一熟或一年一熟； 一种或两种以上	便于病虫草害等农田管理，节省农资成本、劳动成本，单季产量高，土壤肥力恢复快	物种多样性差，年度土地总产出低，土地利用率低	东北一年单季春玉米
轮作	一年两熟及以上；两种以上	土地利用时间长，无闲置	对水肥供应条件要求高，土壤肥力消耗大	华北小麦—玉米轮作
套种	一年两熟及以上；两种以上	提高土地时间利用率	种植难度大，劳动成本高，不利于病虫草害的统治统防	西北小麦—玉米套种
间作	一年一熟及以上；两种以上	土地空间利用率高，可多收获一季作物，节水节肥，环境效益高	机械化程度低，病虫害管理难度大	华北小麦—玉米‖大豆轮作中含间作

二、间作种植的经济效益

（一）作物品质

合理的间作能提高作物秸秆的粗蛋白含量，而粗蛋白是饲用秸秆的主要营养物质，其中含有各种必需的氨基酸。研究表明，间套作显著地提高了与之间作的玉米秸秆中粗蛋白及粗脂肪的含量（王春丽，2006）；豆类和谷类间作不仅能提高生物产量，还能提高秸秆的营养价值，主要表现在粗蛋白含量的提高上（Waghmare et al.，1984ab）；小麦、高粱等作物与豆科苜蓿间套作可以明显的提高混合饲料中粗蛋白的含量（Tedla et al.，1998；Juskiw et al.，2000）；玉米与大豆间作或混作均使玉米的粗蛋白含量高于单作玉米（Tripathi，1989；Ramachandra et al.，1993；Azim et al.，2000）。禾本科作物与豆科作物间作可以提高作物秸秆蛋白的含量，但对作物秸秆粗纤维的影响恰好相反，它降低了作物的粗纤维含量，提高了其消化性（Thompson et al.，1992）。研究表明，玉米和大豆间作可以使玉米秸秆中的粗蛋白含量高于单作而粗纤维的含量则低于单作（Kamara et al.，1991）；但也有研究表明，间套作对作物的饲料品质没有显著的影响（Sistachs et al.，1990）。

间作对籽粒品质的影响主要集中在籽粒蛋白质含量上。间套作模式的玉米籽粒蛋白质含量均高于单作，间套作模式玉米籽粒粗脂肪含量也显著高于单作（王春丽，2006）。不同作物间作对各自作物籽粒蛋白质含量的影响不同，研究表明玉米与大豆间作比单作能明显提高籽粒粗蛋白含量（Waghmare et al.，1984ab；Martin et al.，1982），籽粒粗蛋白含量表现出明显的边行优势，利于籽粒营养品质的提高（Kingsley et al.，1997）；而也有研究表明间套作小麦的蛋白质含量、沉淀值、干湿面筋含量等品质指标均明显高于单作小麦，但间套作玉米则表现出明显的间套作品质劣势（何承刚等，2003）。另外，研究发现玉米间作并不会影响大豆种子脂肪酸组分的含量和比例（梁镇林等，1999），不同作物间作对玉米籽粒氮素的含量影响很大（李文学，2001）。

（二）作物产量及经济效益

间作是否增产，研究结果各有不同，有的结果显示间作并不比单作增产，甚至反而减产，但研究普遍认为，合理的间作有利于增产（焦念元，2006；徐强，2007；梅沛沛，2007）。无论何种地力水平，合理间作都能发挥其作用，较低生产力水平下，可增加产量的稳定性，减少农业投入，培肥地力（Francis et al.，1993）；较高生产水平力下，可充分利用资源，增加作物总产量，减少病虫害的发生（Fransis，1986；Banks et al.，1999；Zhu et al.，2000）。

间作是一种在时间和空间上实现种植集约化的种植方式，能够提高光能利用率，小麦辣椒间套作可以有效地改变农田小气候因子，光合有效辐射明显高于单作（王宇明等，2010）；同时可充分地利用温、水、肥等资源，从而提高单位面积产出效率（刘秀珍等，2004；高阳等，2008，2009）；由于间作具有这一特点，这一传统的种植模式在现代农业生产中就显得越来越重要，经过长年的农业生产实践证明，合理的间作种植模式不仅有利于作物产量的提高，还能维持并提高土壤肥力（曹敏建，2002；汤秋香，2011）。

生物量增加是间作体系的一个重要表现和研究前提，间作体系中的两种作物由于可利用的空间增加而且最快生长时期相互错开，使得整体产量有很大程度的提高。玉米与矮秆作物间套作形成的多层群体结构，可增加群体密度和叶面积指数，有效提高截光率；系统中的玉米可以利用上部较强光照，而配对间套作物利用下层较弱的光照，这样既提高冠层净同化率，又可延长光合作用时间，从而获得比单一种植更高的产量（Vandermeer，1992）。大豆玉米间作能够增加玉米和大豆地根系生长，相对单作，其干物重分别提高了23.5%、2.9%（宋日等，2002）；蚕豆玉米间作条件下，间作玉米的产量显著高于单作（李隆等，2000），玉米鹰嘴豆间作在产量上也有同样表现，间作种植的促进作用强于竞争（李淑敏，2003）；小麦蚕豆间作群体表现出明显的增产效应，其土地当量比也大于1（张恩和等，2002）；小麦与玉米、与大豆以及蚕豆与玉米间套作方式都具有明显的间套作产量优势（李隆，1999；Li et al.，2003）；而叶优良（2003）研究认为，大豆、玉米间套作，无论施氮还是不施氮，LER均小于1，说明这种间作表现为间作劣势。但大多试验都证明，与单作相比，间套作可以充分利用光热等自然资源，具有明显的产量优势（陈阜等，2000；李新平等，2001；李志贤等，2010）。

三、间作种植的环境效应

（一）土壤结构

土壤是颗粒性半无限介质，介于固体和液体之间；作为构成土壤肥力的物质基础，其物质组成的固、液、气三相之间相互联系、相互转化、相互制约、不可分割。旱作农业土壤理想的三相比是固相50%，液相和气相各25%（Brady et al.，2002；龚子同，1999）；土壤三相比不同导致土壤结构的差异，进而影响土壤肥力，最终表现在作物产量和品质上（曾德超，

1995；张希彪等，2006；王恩姮等，2009）。

土壤结构直接影响土壤的通气性和透水性，并最终影响土壤质量（朱祖祥，1982）。土壤团粒结构受耕作和施肥等多种因素的影响而极易遭到破坏，合理的耕作方式，如耕作方法、间作、轮作等，都能促进土壤团粒的形成，改良土壤理化性状，恢复并形成良好的土壤结构（黄昌勇，1999）。林粮间作研究表明，间作能较好地改善土壤物理和化学性质，土壤容重和PH值都随土层深度的增加而增加，土壤有机质、全氮、全磷、有效磷含量总体上均表现为随着土层的增加而含量下降的一致规律（谢莉，2005）。玉米和紫花苜蓿间作研究表明，间作处理的有机质、有机氮、速效氮较对照均成增加趋势，而且这种趋势随着间作时间的延长越发明显（刘忠宽等，2009）。枣麦间作研究表明，间作种植模式不仅可以改善土壤孔隙度，促进土壤团粒结构的形成，还能使土壤有机质不断增加，使各类微生物菌群不断增殖，从而土壤生物活性强度得以提高（谢英荷等，2002）。因此，间作种植对土壤理化及生物学性状影响都极为深刻（吕春花，2009）。

间作种植模式不仅改变了土壤结构建成，还能影响土壤温度、改良农田小气候；土壤温度不仅直接影响植物根系和幼苗的生长，同时还直接或间接地影响土壤水分、养分的迁移和转化，间作套种构成了不同于单作的作物群体，改变了冠层内的光分布，使得间作农田的土壤温度变化同单作种植相比也会有所不同（Vandermeer，1989；毛树春等，1983；黄进勇等，2003）。

（二）土壤微生物及土壤酶

农田土壤微生物是土壤有机质转化和分解的直接作用者，并且在土壤主要养分（如N、P、S）的转化过程中起主导作用（Brookes et al.，1982）。土壤酶是土壤生态系统代谢的主要动力之一，它与环境质量和农作物生产力密切相关，常被作为表征土壤微生物活性、土壤肥力和土壤质量的指标（王耀生等，2006；祝惠，2008）。

微生物的数量变化受很多因素的影响，如耕作与栽培方式都对土壤微生物数量产生影响（李斌等，2006）。徐华勤等（2008）研究认为，间作三叶草与稻草覆盖不同程度地提高了微生物整体活性和丰富度，有效提高表层土壤微生物量碳含量和土壤肥力。柴强等（2005）认为玉米和鹰嘴豆间作对细菌产生的根际效应显著高于玉米间作蚕豆，对真菌产生的根际效应与细菌相反，间作对放线菌、微生物总数产生的根际效应显著高于单作，间作根际微生物多样性指数显著高于单作；间作根际土壤脲酶和酸性磷酸酶活性显著低于单作玉米，间作对土壤酸性磷酸酶和过氧化氢酶活性具有极显著的影响，对脲酶活性的影响不显著。刘均霞等（2007）研究发现，玉米和大豆间作对玉米吸磷量、玉米根际土壤磷酸酶活性以及玉米地上部生物学产量有明显的促进作用。通过田间栽培试验发现，间作促进了玉米生长，间作玉米的吸氮量、根际脲酶活性、根际细菌数量、地上部生物量均比单作玉米显著增加（刘均霞，2008）。间作对土壤微生物区系产生较大的影响，主要是因为间作能提高氮素和水分利用效率，合理分布空间格局，改良田间小气候，使根系充分接触，快速转移根系分泌的氮化合物，促进土壤微生物的繁衍（郑毅等，2008；叶优良，2003）。

（三）土壤硝态氮残留及养分吸收

农业生产过程存在诸多不利因素，广大农户种植作物以后，往往施用大量的化肥、农药。近年来，畜禽养殖业的不断发展伴随正养殖废水的不合理排放，从而导致农户有意或无意的污水灌溉；另外，多数作物特别是城郊农田作物遭受环境污染尤其是粉尘污染的危害，这些都将导致土壤硝酸盐大量残留以及重金属的过量积累，严重威胁着农田尤其是地下水生态安全，也直接威胁日益严峻的粮食安全战略。粮食作物种植过程中，氮肥利用率低是不争的事实，这不仅造成生产资料巨大浪费，而且进一步导致环境污染，最终必将危害人畜健康。氮肥施用进入土壤，经过一系列转化变成植物可以吸收利用的有效态氮，硝态氮是其主要形式；硝酸根离子水溶性极强，带负电荷，不能被土壤颗粒吸附，若在一定时期内不能被吸收利用就很容易随土壤水分运移，如果超出植物根系触及范围之外，就造成土壤硝态氮淋溶，从而导致肥料浪费，最终引起地下水污染（孙景玲等，2010；孙景玲，2009）。硝态氮本身就易被淋洗，而且也受着外界因素影响，肥料类型、施肥量、施肥时期、施肥方法、土壤耕作、灌溉时期及灌溉量等都对土壤硝态氮的含量、累积以及淋洗产生显著影响（张树兰等，2004；陈振华等，2005；王艳萍等，2008；叶优良等，2008a；魏迎春等，2008）。

不同农田种植模式对土壤氮磷流失影响不同，对硝态氮淋洗影响显著，利用豆科作物共生固氮特点，间作在一定程度上可以减少硝态氮的淋失，而农田休闲可以导致硝态氮的淋失潜力升高，这很大程度上是由于植物吸收和植物覆盖度的影响（许仙菊，2007）。玉米与木薯、玉米与黑麦草（Zhao et al.，2000）、玉米与小麦（李文学，2001a）、玉米与蚕豆（李文学，2001b）、玉米与空心菜（王晓丽等，2003）等间作体系都明显降低了土壤中硝酸盐含量，与鹰嘴豆间作显著降低了玉米的铅吸收（黄益宗等，2006），间作小麦籽粒和秸秆中的氮浓度明显增加（李文学，2001b）；小麦蚕豆间作显著提高了整个生育期小麦地上部植株的含氮量，显著增加了小麦叶、茎和穗的氮含量，间作可显著提高小麦地上部植株及各器官的含氮量，但随着氮肥用量的增加，间作优势趋于减弱（陈远学，2007）；间作不仅能减少化肥施用量，还具有显著的经济效益、环境效益和社会效益（叶优良等，2008b；孙雁等，2006）。

李隆等（2000）研究了小麦大豆间作养分吸收和利用效率，发现相对单作，养分吸收量的增加是其间作优势的主要体现，氮磷钾吸收量分别提高了24%～39%、6%～27%、24%～64%，但其养分利用效率分别降低了5%～20%、5%～7%、6%～32%。叶优良等（2005）研究地下部分隔对小麦玉米间作氮素吸收和土壤硝态氮的影响时发现，间作小麦、间作玉米地下部未分隔条件下的吸氮量和土壤硝态氮累积量都高于分隔。肖焱波等（2003）的间作根系分隔研究表明，小麦蚕豆、小麦大豆2种间作体系中蚕豆和大豆的养分竞争能力均小于小麦，且两种间作体系中小麦氮磷吸收量在根系未分隔条件下均显著高于相应的根系分隔。肖焱波等（2005）研究蚕豆和小麦间作对不同氮素来源利用的差异时发现，小麦与蚕豆竞争土壤氮素，从而促进蚕豆从大气中固定更多的氮（陈杨，2005）；小麦根系不分隔时其生物量和吸氮量都高于分隔，小麦的生长得以改善。齐龙波等（2008）研究间作白三叶草对亚热带红壤茶园土壤磷素营养特征的影响发现，间作白三叶草主要影响土壤中磷形态的转化，有效磷、土壤微生物量碳和微生物量磷均得以提高。但也有研究表明，作物不同对土壤磷形态的影响不同，并且差异较大，大豆单作显著提高了 Ca_2-P 的比例，相对小麦单作降低了 Ca_8-P 和 $Al-P$、$Fe-P$ 的比例（张恩和等，2000）。

（四）病虫害控制

间作种植的环境效应还表现间作系统对病虫害的控制，病虫害的发生与作物吸收养分关系密切，一般认为氮素减弱了植物的抗病性，而钾素营养提高了抗病性，并且硅钙等中微量和有益元素也影响到植物抗病虫害的能力。正是因为间套作种植相对单作的养分吸收优势，间套作作物营养状况也表现出了较好的抗病虫害优势，间套作也成为生物防治病虫害的重要技术措施。早在1872年，达尔文研究小麦种植时就发现混种相对单一品种种植产量高且病虫害少，一些欧洲国家如德国、波兰、丹麦等成功运用间作混种技术控制了全国范围内的流行病害（肖靖秀等，2005）。我国在控制棉蚜、棉铃虫的流行上，也充分利用了棉麦、棉蒜以及棉薯等间作套种（王玉堂，1998），研究表明，麦棉套作可减少二代棉铃虫卵 37.8%，增加其天敌 69.6%（王厚振等，1993）。此外，麦豆间作或油豆间作也可以有效控制、减少病虫危害，减少农药投入量（杨进成等，2003）；大豆玉米间作后，蚜虫、造桥虫、豆天蛾、棉铃虫等虫害的发生率均大幅度降低（王玉正等，1998）；水稻不同基因型间作混播也可以大幅降低各种稻瘟病（Zhu et al.，2000）；根系的相互作用可以有效减轻间作蚕豆斑潜蝇的发生（李勇杰，2006），增强间作小麦对白粉病的抵抗力（李勇杰等，2006）；马铃薯与玉米、大豆等间套作可以减轻马铃薯青枯病的发生（桂富荣等，2004）。

四、以玉米为主的间作种植

华北平原是我国重要的粮食生产基地，冬小麦—夏玉米轮作是其传统的种植模式，但该地区农户在两季作物上都投入大量氮肥，其利用率却远远低于全国平均水平（巨晓棠等，2002）。过量的施肥和灌水促进氧化亚氮的排放，增加了农田温室气体的排放（江长胜，2000）；氮肥的大量施用还造成土壤剖面硝态氮的过量累积，在强降雨和灌溉条件下，极易造成氮素淋失，给地下水带来极大的硝酸盐污染的风险，甚至直接造成地下水硝酸盐富集，严重威胁我国地下水水环境（巨晓棠等，2003；寇长林等，2004；钟茜等，2006）。有研究表明，间作可以很好地缓解农业生产中的此类问题。因此，立足于华北平原小麦—玉米轮作的现状，在玉米季引入豆科作物进行间作种植，能够实现农田农学效益和环境效应的双赢。

合理的间作能够利用和发挥作物之间的有利关系，可以较少的经济投入换取较多的产品输出；以玉米为主的间作，可在玉米产量比单作不减或基本不减的基础上，多收几十千克大豆，增产 10% ~30%，增效更多，且增产效果与地力水平有关，薄地增产幅度大，肥地小（刘巽浩，1994）。豆科作物具有共生固氮特性，正是利用这一特性，豆科作物与禾本科作物构成的间作体系在我国传统农业中占重要地位，该模式可以减少施肥量，降低生产成本，且促进养分的高效利用，是豆科、禾本科存在间作优势的主要原因之一（房增国，2004）。研究表明，禾豆科间作种植模式的生态经济效益远远高于传统的麦玉连作种植（张伟等，2009）。玉米大豆间作不仅可改善作物群体结构，提高自然资源利用率，而且化肥施用量也得以减少，从而产生显著的环境、经济效益（李志贤等，2010）；充分利用豆科作物的共生固氮特性，每年固氮量可达 75～150kg/hm^2，外界条件适宜时最高可达 300kg/hm^2（Peoples et al.，1995；刘天学等，2007；朱敏，2008），一般情况下根瘤菌所固定的氮可为豆科作物提供其一生需氮量的 1/2～3/4（胡立勇等，2008），同时豆科、禾本科间作有利于禾本科作物氮素营养改善。

长期以来，玉米间作模式受到人们的重视。相关研究表明，玉米与大豆间作能促进玉米和大豆根系生长（宋日等，2002），提高根系活力（苏艳红等，2005），有利于作物对水肥的吸收。玉米间作不仅可改善作物群体结构、提高自然资源利用率（高阳等，2009），而且可增强群体抗逆性（李朝海等，2002）；玉米豆类间作模式下，玉米能从豆类作物的根际环境中获得部分氮（李少明等，2004；唐劲驰等，2005），这种对氮竞争的结果，可造成豆类作物根际环境中氮的缺乏（Boucher et al.，1982），进而刺激豆类作物的固氮作用。玉米菌根所形成的菌丝桥也有利于豆类作物对磷的吸收（李淑敏等，2005）；间作条件下禾本科作物的产量和氮素吸收量高于单作，表现出明显的间作优势（肖焱波等，2004；李隆，1999）。花生、大豆分别与玉米间作时土壤残留氮残留均明显减少（Searle et al.，1981）；蚕豆间作玉米也可以通过根系间的相互作用促进作物对氮素的吸收从而减少土壤残留氮累积（Zhang et al.，2003）。

参考文献

曹敏建.2002. 耕作学［M］. 北京：中国农业出版社.

曾德超.1995. 机械土壤动力学［M］. 北京：科学技术出版社.

陈阜，逄焕成.2000. 冬小麦/春玉米/夏玉米间套作复合群体的高产机理探讨［J］. 中国农业大学学报，5（5）：12－16.

陈杨.2005. 种间相互作用对大豆、蚕豆和小麦根系形态的影响［D］. 北京：中国农业大学.

陈远学.2007. 间作系统中种间相互作用与氮素利用、病害控制及产量形成的关系研究［D］. 北京：中国农业大学.

陈振华，陈利军，武志杰，等.2005. 脲酶—硝化抑制剂对减缓尿素转化产物氧化及淋溶的作用［J］. 应用生态学报，16（2）：238－242.

房增国.2004. 豆科/禾本科间作的氮铁营养效应及对结瘤固氮的影响［D］. 北京：中国农业大学.

高阳，段爱旺，刘祖贵，等.2008. 玉米/大豆不同间作模式下土面蒸发规律试验研究 [J]. 农业工程学报，24 (7)：44 - 48.

高阳，段爱旺，刘祖贵，等.2009. 单作和间作对玉米和大豆群体辐射利用率及产量的影响 [J]. 中国生态农业学报，17 (1)：7 - 12.

龚子同.1999. 中国土壤系统分类：理论、方法、实践 [M]. 北京：科学出版社.

桂富荣，李亚红，严乃胜，等.2004. 马铃薯和玉米不同套种模式对马铃薯青枯病的防治作用 [J]. 中国植保导刊，24 (12)：2 818 - 2 824.

何承刚，黄高宝.2003. 氮素水平对单作和间套作小麦玉米品质影响的比较研究 [J]. 植物营养与肥料学报，9 (3)：280 - 283.

胡立勇，丁艳峰.2008. 作物栽培学 [M]. 北京：高等教育出版社.

黄昌勇.1999. 土壤学 [M]. 北京：中国农业出版社.

黄进勇，李新平，孙敦立，等.2003. 黄淮海平原冬小麦—春玉米—夏玉米复合种植模式生理生态效应研究 [J]. 应用生态学报，14 (1)：51 - 56.

黄益宗. 朱永官. 胡莹，等.2006. 玉米和羽扇豆、鹰嘴豆间作对作物吸收积累 Pb、Cd 的影响 [J]. 生态学报，26 (5)：1 478 - 1 485.

江长胜.2000. 川中丘陵区农田生态系统主要温室气体排放研究 [D]. 北京：中国科学院.

焦念元.2006. 玉米花生间作复合群体中氮磷吸收利用特征与种间效应的研究 [D]. 泰安：山东农业大学.

巨晓棠，刘学军，邹国元，等.2002. 冬小麦/夏玉米轮作体系中氮素的损失途径分析 [J]. 中国农业科学，35 (12)：1 493 - 1 499.

巨晓棠，张福锁.2003. 中国北方土壤硝态氮的累积及其对环境的影响 [J]. 生态环境，12 (1)：24 - 28.

寇长林，巨晓棠，高强，等.2004. 两种农作体系施肥对土壤质量的影响 [J]. 生态学报，24 (11)：2 548 - 2 556.

李斌，谢关林，陈若霞，等.2006. 耕作与栽培方式对瓜类土壤细菌数量及枯萎病拮抗细菌分布的影响 [J]. 应用生态学报，17 (10)：1 937 - 1 940.

李潮海，苏新宏.2002. 不同基因型玉米间作复合群体生态生理效应 [J]. 生态学报，22：2 096 - 2 103.

李隆，李晓林，张福锁，等 . 2000. 小麦/大豆间作条件下作物养分吸收利用对间作优势的贡献［J］. 植物营养与肥料学报，6（2）：140－146.

李隆 . 1999. 间作作物种间促进与竞争作用研究［D］. 北京：中国农业大学 .

李少明，赵平，范茂攀，等 . 2004. 玉米大豆间作条件下氮素养分吸收利用研究［J］. 云南农业大学学报，19（5）：572－574.

李淑敏，李隆，张福锁，等 . 2005. 蚕豆/玉米间作接种 Am 真菌与根瘤菌对其吸磷量的影响［J］. 中国生态农业学报，13（3）：136－139.

李淑敏 . 2003. 间作作为吸收磷的种间促进作用机制研究［D］. 北京：中国农业大学 .

李文学 . 2001a. 不同施肥处理与间作形式对带田中玉米产量及氮营养状况的影响［J］. 中国农业科技导报，3（3）：36－39.

李文学 . 2001b. 小麦/玉米/小麦间作系统中氮、磷吸收利用特点及其环境效应［D］. 北京：中国农业大学 .

李新平，黄进勇 . 2001. 黄淮海平原麦玉玉三熟高效种植模式复合群体生态效应研究［J］. 植物生态学报，25（4）：476－482.

李勇杰，陈远学，汤利，等 . 2006. 不同根系分隔方式对间作蚕豆养分吸收和斑潜蝇发生的影响［J］. 中国农学通报，22（10）：288－292.

李勇杰，陈远学，汤利，等 . 2006. 不同根系分隔方式对间作小麦生长和白粉病的发生［J］. 云南农业大学学报，21（5）：581－585.

李志贤，王建武，杨文亭，等 . 2010. 广东省甜玉米/大豆间作模式的效益分析［J］. 中国生态农业学报，18（3）：627－631.

梁镇林 . 1999. 间作大豆产量与主要经济性状的相关及选择［J］. 大豆科学，16（1）：54－59.

刘均霞，陆引呈，远红伟，等 . 2008. 玉米/大豆间作条件下作物根系对氮素的吸收利用［J］. 华北农学报，23（1）：173－175.

刘均霞，陆引罡，远红伟，等 . 2007. 小麦—绿肥间作对资源的高效利用［J］. 安徽农业科学，35（10）：2 884－2 885.

刘均霞 . 2008. 玉米/大豆间作条件下作物根际养分高效利用机理研究［D］. 贵州：贵州大学 .

刘天学，王振河，董朋飞，等 . 2007. 玉米间作系统的生理生态效应研究进展［J］. 玉米科学，15（5）：114－116，124.

刘秀珍，张阅军，杜慧玲，等．2004．水肥交互作用对间作玉米、大豆产量的影响研究［J］．中国生态农业学报，12（3）：75－77．

刘巽浩．1994．耕作学［M］．北京：中国农业出版社．

刘忠宽，曹卫东，秦文利，等．2009．玉米—紫花苜蓿间作模式与效应研究［J］．草业学报，18（6）：158－163．

吕春花．2009．黄土高原子午岭地区土壤质量对植被恢复过程的响应［D］．杨凌：西北农林科技大学．

毛树春，宋美珍，张朝军，等．1983．黄淮海平原棉麦共生期间棉田土壤温度效应的研究［J］．中国农业科学，31（6）：1－5．

梅沛沛．2007．不同基因型玉米间作复合群体稳产增产效应及其机制研究［D］．郑州：河南农业大学．

齐龙波，周卫军，郭海彦，等．2008．覆盖和间作对亚热带红壤茶园土壤磷营养的影响［J］．中国生态农业学报，16（3）：593－597．

宋日，牟瑛．2002．玉米/大豆间作对两种作物根系形态特征的影响［J］．东北师大学报：自然科学版，34（3）：83－86．

苏艳红，黄国勤，刘秀英，等．2005．红壤旱地玉米大豆间作系统的增产增收效应及其机理研究［J］．江西农业大学学报，27（2）：210－213．

孙景玲，马忠明，杨蕊菊，等．2010．河西地区间作小麦土壤硝态氮含量时空动态变化分析［J］．土壤通报，41（4）：882－885．

孙景玲．2009．施氮量和灌溉量对小麦/玉米间作土壤硝态氮含量的影响［D］．兰州：甘肃农业大学．

孙雁，周天富，王云月，等．2006．辣椒玉米间作对病害的控制作用及其增产效应［J］．园艺学报，33（5）：995－1 000．

汤秋香．2011．洱海流域环境友好型种植模式及作用机理研究［D］．北京：中国农业科学院．

唐劲驰，Mboreha I A，佘丽娜，等．2005．大豆根构型在玉米/大豆间作系统中的营养作用［J］．中国农业科学，38（6）：1 196－1 203．

王春丽．2006．不同间套作模式的小麦花生玉米间的互补竞争效应及对产量品质的影响［D］．泰安：山东农业大学．

王恩姮，赵雨森，陈祥伟．2009．基于土壤三相的广义土壤结构的定量化表达［J］．生态学报，29（4）：2 067－2 072．

王厚振，赵洪亮．1993．小麦棉花套种对棉花病虫害的生态效应［J］．植物保护学报，19（2）：163－167．

王晓丽，牵窿，江荣风，等．2003. 玉米空心菜间作降低土壤及蔬菜中硝酸盐含量的研究［J］. 环境科学学报，23（4）：463－467.

王艳萍，高吉喜，刘尚华，等．2008. 有机肥对桃园土壤硝态氮分布的影响［J］. 应用生态学报，19（7）：1 501－1 505.

王耀生，张玉龙，黄毅，等．2006. 渗灌对保护地土壤脲酶和过氧化氢酶活性的影响［J］. 安徽农业科学，34（1）：103－105.

王宇明，蔡焕杰，王健，等．2010. 冬小麦辣椒间套作对光合有效辐射和地温的影响. 中国农村水利水电，（1）：14－19.

王玉堂．1998. 作物巧间作胜过施农药［J］. 植物医生，11（1）：34－35.

王玉正，岳跃海．1998. 大豆玉米间作和同穴混播对大豆病虫害发生的综合效应的研究［J］. 植物保护，24（1）：13－15.

魏迎春，李新平，刘刚，等．杨凌地区大棚土壤硝态氮累积效应研究［J］. 水土保持学报，22（2）：174－190.

肖靖秀，郑毅．2005. 间套作系统中作物的养分吸收利用与病虫害控制［J］. 中国农学通报，3：150－154.

肖焱波，李隆，张福锁．2004. 两种间作体系中养分竞争与营养促进作用研究［J］. 中国生态农业学报，12（4）：86－89.

肖焱波，李隆，张福锁，等．2003. 小麦/蚕豆间作中的种间氮营养差异比较研究［J］. 植物营养与肥料学报．9（4）：396－400.

肖焱波．李隆．张福锁，等．2005. 小麦/蚕豆间作体系中的种间相互作用及氮转移研究［J］. 中国农业科学，38（5）：965－973.

谢莉．2005. 苏北地区主要林粮间作模式的土壤性状及林木对农作物影响状况的研究［D］. 南京：南京林业大学．

谢英荷，洪坚平，卜玉山，等．2002. 枣麦间作对土壤肥力的影响［J］. 山西农业大学学报，22（3）：203－205.

徐华勤，肖润林，宋同清，等．2008. 稻草覆盖与间作三叶草对丘陵茶园土壤微生物群落功能的影响［J］. 生物多样性，16（2）：166－174.

徐强．2007. 线辣椒/玉米套作生理生态机制研究［D］. 杨凌：西北农林科技大学．

许仙菊. 2007. 上海郊区不同作物及轮作农田氮磷流失风险研究［D］. 北京：中国农业科学院.

杨进成，杨庆华 . 2003. 小春作物多样性控制病虫害试验研究初探 [J]. 云南农业大学学报，18（2）：120－124.

叶优良，李隆，孙建好 . 2008a. 3 种豆科作物与玉米间作对土壤硝态氮累积和分布的影响 [J]. 中国生态农业学报，16（4）：818－823.

叶优良，李隆，孙建好，等 . 2005. 地下部分隔对蚕豆/玉米间作氮素吸收和土壤硝态氮残留影响 [J]. 水土保持学报，19（3）：14－53.

叶优良，李隆，索东让，等 . 2008b. 小麦/玉米和蚕豆/玉米间作对土壤硝态氮累积和氮素利用效率的影响 [J]. 生态环境，17（1）：377－383.

叶优良 . 2003. 间作对氮素和水分利用的影响 [D]. 北京：中国农业大学.

张恩和，李玲玲，黄高宝，等 . 2002. 供肥对小麦间作蚕豆群体产量及根系的调控 [J]. 应用生态学报，13（8）：939－942.

张树兰，同延安，梁东丽，等 . 2004. 氮肥用量及施用时间对土体中硝态氮移动的影响 [J]. 土壤学报，41（1）：270－277.

张伟，陈源泉，隋鹏，等 . 2009. 华北平原粮田替代型复合种植模式生态经济比较研究 [J]. 中国农学通报，25（08）：241－245.

张希彪，上官周平 . 2006. 人为干扰对黄土高原子午岭油松人工林土壤物理性质的影响 [J]. 生态学报，26（11）：3 685－3 695.

郑毅，汤利 . 2008. 间作作物的养分吸收利用与病害控制关系研究 [M]. 董艳，魏兰芳，汤利，等 . 土壤微生物与间作作物的病虫害控制 [C]. 昆明：云南科技出版社：47－50.

钟茜，巨晓棠，张福锁 . 2006. 华北平原冬小麦/夏玉米轮作体系对氮素环境承受力分析 [J]. 植物营养与肥料学报，12（3）：285－293.

朱敏 . 2008. 玉米不同品种间作、混作栽培理论与技术研究 [D]. 沈阳：沈阳农业大学 .

朱祖祥 . 1982. 土壤学 [M]. 北京：农业出版社 .

祝惠 . 2008. DEP 与 DOP 对土壤酶、土壤呼吸及土壤微生物量碳的影响研究 [D]. 长春：东北师范大学 .

Azim A，Khan A G，Nadeem M A，et al. 2000. Influence of maize and cowpea intercropping on fodder production and characteristics of silage [J]. Asian Australasian Journal of Animal Sciences，13（6）：781－784.

Banks J E，Ekbom B. 1999. Modelling herbivore movement and colonization：pest management. potential of intercropping and trap cropping [J]. Agricultural and Forest Entomology, 1: 165 – 170.

Boucher D H, Espinosa J. 1982. Cropping system and gowth and nodulation responses of beans to nitrogen in Tabasco, Mexico [J]. Tropical Agriculture, 59 (4): 279 – 282.

Brady N C, Weil R R. 2002. The nature and proper ties of soils [M]. New Jersey: Pearson Education Incorporated.

Brookes P C, Powlson D S, Jenkinson D S. 1982. Measurement of microbial biomass phosphorus in soil [J]. Soil Biology and Biochemistry, 14: 319 – 329.

Francis D D. 1993. Immobilization and uptake of nitrogen applied to corn as starter fertilize [J]. Soil Science Society of America Journal, 57: 1 023 – 1 026.

Fransis C A. 1986. Multiple cropping system [M]. New York: Macmillan Publishing Company.

Juskiw P E, Helm J H, Salmon D F. 2000. Forage yield and quality for monocrops and mixtures of small grain cereals [J]. Crop Science, 40 (1): 138 – 147.

Kingsley K, Daniel H, Putnam H T, et al. 1997. Strip Intercropping and Nitrogen Effects on Seed, Oil, and Protein Yields of Canola and Soybean [J]. Agronomy Journal, 89: 23 – 29.

Li W X, Li L, Sun J H, et al. 2003. Effects and Nitrogen and Phosphorus Fertilizers and intercropping on uptake of Nitrogen and Phosphorus by Wheat, Maize and Faba Bean [J]. Journal of Plant Nutrition, 26 (3): 629 – 642.

Martin M P, Snaydon R W. 1982. Root and shoot interactions between barley and field bean when intercropped [J]. Journal of Applied Ecology, 19: 263 – 272.

Peoples M B, Herridge D F, Ladha J K. 1995. Biological nitrogen fixation: An efficient source of nitrogen for sustainable agricultural Production [J]. Plant and soil, 174: 3 – 28.

Ramachandra C, Shivaraj B, Gowda A. 1993. Studies on the influence of intercrops grown for forage and seed on the seed yield and quality of fodder maize [J]. Farming Systems, 9 (3 – 4): 87 – 92.

Searle P, Comudom Y, Shedden D C, et al. 1981. Effect of maize legume intercropp - ing systems and fertilizer nitrogen on crop yields and residual nitrogen [J]. Field Crops Research, 4: 133 - 145.

Sistachs M, Gonzalez I, Padilla C, et al. 1990. Intercropping of forage sorghum, maize and soyabean during the establishment of different grasses in a vertisol soil. I. King grass (Pennisetum purpureum) [J]. Cuban Journal of Agricultural Science, 24 (1): 123 - 129.

Thompson D J, Stout D G, Moore et al. 1992. Yield and quality of forage from intercrops of barley and annual ryegrass [J]. Canadian Journal of Plant Science, 72 (1): 163 - 172.

Tripathi S N. 1989. Mixed cropping of forage species in relation to herbage yield and quality [J]. Indian Journal of Dryland Agricultural Research and Development, 4 (2): 68 - 72.

Vandermeer J H. 1992. The ecology of intercropping [M]. London: Cambridge University Press.

Vandermeer J H. 1992. The ecology of intercropping [M]. London: Cambridge University Press.

Waghmare A B, Singh S P. 1984a. Sorghum - legume intercropping and the effects of nitrogen fertilization: I. Yield and nitrogen uptake by crops [J]. Export Agriculture, 20: 251 - 259.

Waghmare A B, Singh S P. 1984b. Sorghume - legume intercropping and the effects of nitrogen fertilization. II. Residual effect to wheat [J]. Export Agriculture, 20: 261 - 265.

Zhang F S, Li L. 2003. Using competitive and facilitating interactions in intercropping systems enhances crop productivity and nutrients use efficiency [J]. Plant and Soil, 248: 305 - 312.

Zhao X M, Chandra F M, Kaluli J, et al. 2000. Corn yield and fertilizer N recovery in water - table - controlled corn - ryegrass [J]. European Journal of Agronomy, 12: 83 - 92.

Zhu Y, Chen H, Fan J, et al. 2000. Genetic diversity and control disease in Rice [J]. Nature, 406: 718 - 722.

第二章　研究方案

一、供试区域农田概况

潮土和褐土是华北平原农田的两种主要土壤类型，华北平原的潮土和褐土分别占全国潮土、褐土面积的53%、40%。褐土的成土母岩各种各样，包含各种岩石的风化物，但以黄土状物质和石灰性成土母质为主；我国褐土总面积约2 516万 hm^2，主要分布于北纬34°～40°，东经103°～122°，北起燕山、太行山山前地带，东抵泰山、沂山山地的西北部和西南部的山前低丘，西至晋东南和陕西关中盆地，南抵秦岭北麓及黄河一线。潮土的成土母质多为近代河流的石灰性冲积物，部分为古河流冲积物、洪积物及少量的浅海冲积物，有机质含量较少，土壤质地以沙壤质和粉沙壤质为主。我国潮土总面积2 566万 hm^2，广泛分布在中国黄淮海平原，在行政区划上潮土主要分布在北京市、天津市、山东省、河北省、河南省等5省市。

本研究选择华北平原上具有代表性的旱地农田，供试农田位于河北省徐水县留村乡荆塘铺村，该地处于保定市区与徐水县城之间城郊地区，在县城南部偏西不足10km，属大陆性季风气候，四季分明，光照充足，自然环境良好。年平均气温11.9℃，年无霜期平均184d，年均降水量546.9mm，年日照时数平均2 744.9h。供试土壤为褐土，土壤基本理化性质见表2－1。该地种植作物以小麦、玉米为主，多为一年两熟的冬小麦—夏玉米轮作，也有少量一年一熟的春玉米单作，该地区土壤类型、种植模式等均具有较强的代表性。

表2－1　供试土壤理化性质

土层(cm)	pH值	全氮(g/kg)	全磷(g/kg)	全钾(g/kg)	有机质(g/kg)	速效磷(mg/kg)	速效钾(mg/kg)	NH_4^+－N(mg/kg)	硝态氮(mg/kg)	容重(g/cm^3)
0～20	8.70	1.09	0.764	23.4	18.56	8.984	82.45	1.24	12.95	1.32
20～40	8.61	0.60	0.595	23.3	10.62	3.336	68.92	1.64	7.41	1.33
40～60	8.63	0.52	0.532	23.7	9.84	2.635	68.46	1.34	4.93	1.33
60～80	8.56	0.49	0.580	23.4	8.51	3.052	95.50	1.72	4.61	1.35

（续表）

土层（cm）	pH 值	全氮（g/kg）	全磷（g/kg）	全钾（g/kg）	有机质（g/kg）	速效磷（mg/kg）	速效钾（mg/kg）	NH_4^+ -N（mg/kg）	硝态氮（mg/kg）	容重（g/cm^3）
80~100	8.55	0.60	0.503	23.2	9.65	3.165	114.16	1.45	4.01	1.42
100~120	8.58	0.67	0.504	22.8	10.99	4.985	117.42	1.82	4.63	1.33
120~140	8.55	0.57	0.459	21.9	9.67	2.255	99.70	1.25	3.87	1.29
140~160	8.65	0.31	0.487	22.9	5.49	1.782	54.94	1.29	3.69	1.34
160~180	8.63	0.16	0.470	22.8	4.54	2.085	38.15	1.78	3.74	1.35
180~200	8.59	0.28	0.495	24.3	4.93	2.748	86.64	1.51	2.89	1.41

二、研究思路

以华北平原旱作农田小麦玉米轮作中的夏播玉米季为研究对象，在区域现状和已有文献报道的基础上，选择典型农田，布设不同的单作、间作种植试验，以不同种植模式对作物产量、经济效益、养分利用、土壤硝态氮残留和对后茬小麦的影响为评价标准，筛选出与玉米间作配对的最佳作物，然后对筛选出的间作系统进行深入研究，明确间作最佳条带配比、间作种植施氮影响、间作种植降低硝态氮残留的机理机制等，最后形成夏播玉米季清洁生产的操作技术规范（图 2-1）。

三、试验设置

（一）夏玉米间作配对作物筛选研究

本研究设置 5 种不同的夏播单作和间作种植模式（图 2-2）：玉米单作、大豆单作、小豆单作、玉米‖大豆间作、玉米‖小豆间作。每个处理 3 次重复，随机区组排列，夏播作物收获后在原处理小区上继续秋播种植冬小麦。各单作处理小区长 25m，宽 7m，面积为 175m^2，间作处理小区长 25m，宽 9m，面积 225m^2，各小区间用田埂隔开。玉米单作采用大小行种植方式，大行距 80cm，小行距 50cm，株距 25cm；大豆单作、小豆单作均采用等行距种植，大豆行距 35cm，小豆行距 30cm，株距均为 20cm。间作采用条带种植方式，每个小区包括 3 个玉米条带、3 个豆类条带，交错排列，相邻的玉米条带与豆类条带间距 20cm；玉米带宽 1.8m，行株距设置与单作相同；

豆类带宽 0.8m，行距 27cm，株距 20cm；小麦行距 15cm。作物品种：玉米为秋乐郑单 958，由河南农业科学院种业有限公司生产；大豆为中黄 13，由保定市冀农丰华种业科技有限责任公司提供；小豆为金红 1 号，由辽宁黑山金雨种业有限公司提供。

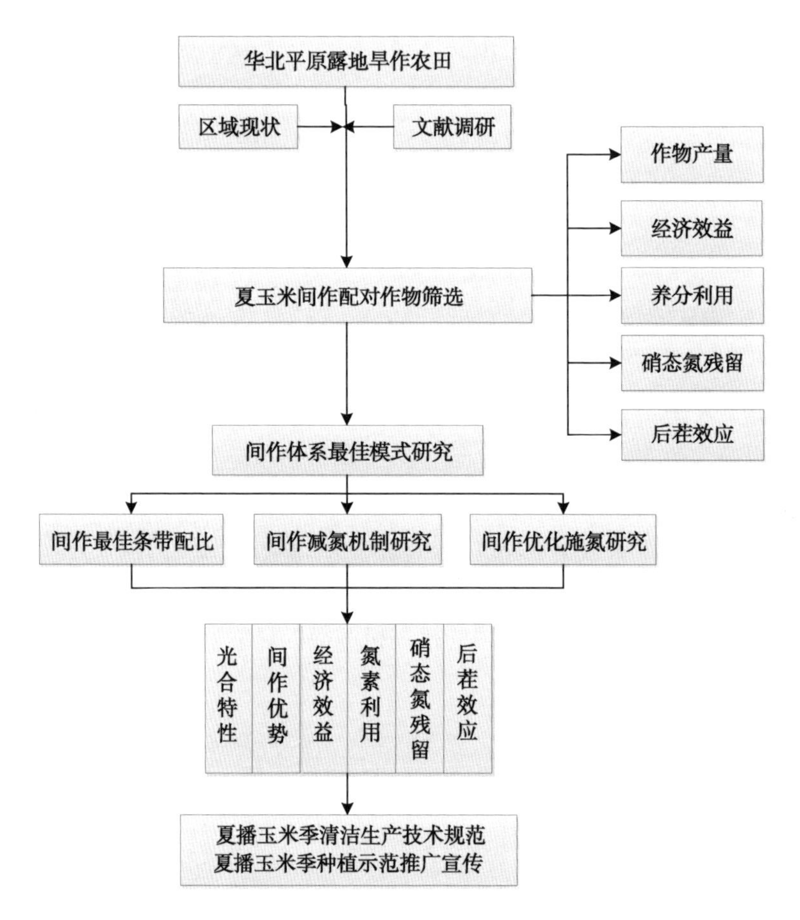

图 2-1　露地农田玉米最佳种植模式研究技术路线图

试验不设农家肥，化肥按不同作物最佳施肥量分别施用，玉米施纯氮（N）225kg/hm^2、纯磷（P_2O_5）75kg/hm^2、纯钾（K_2O）75kg/hm^2，其中氮肥按基肥：大喇叭口期追肥 = 1：1 分施；豆类各施纯氮（N）45kg/hm^2、纯磷（P_2O_5）75kg/hm^2、纯钾（K_2O）75kg/hm^2，全部做基肥施用。肥料品种：尿素（46%，中国石油天然气股份有限公司），普钙（12%，钟祥市金鸿磷肥厂），俄产爱普硫酸钾（52%）。

玉米、大豆、小豆均在 2010 年 6 月 21 日播种，播种前，试验地统一施农

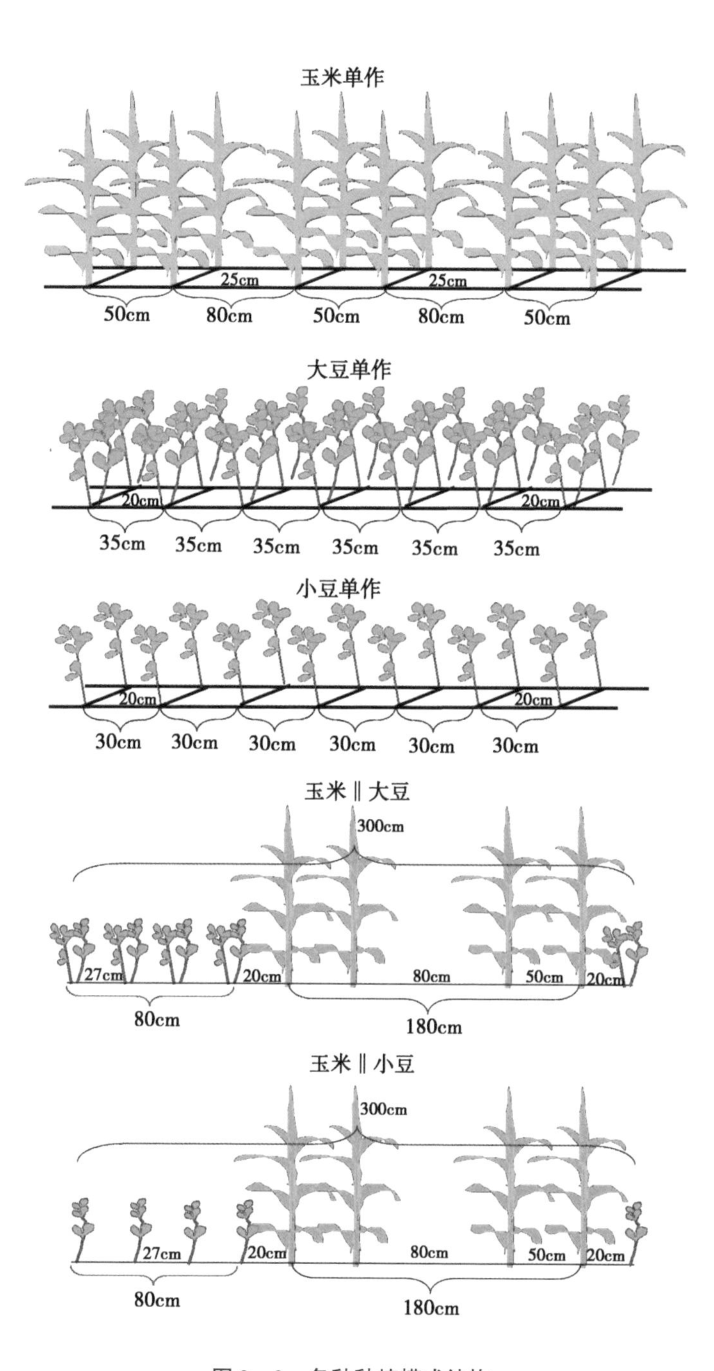

图 2－2　各种种植模式结构

药封闭防除杂草及病虫害，播种后灌溉一次，出苗后及时间苗，作物生长期间及时除杂草，小豆在9月13日收获，玉米和大豆均在10月6日收获。小麦于2010年10月8日播种，基肥施用纯氮（N）112.5kg/hm^2、（P_2O_5）75kg/hm^2、纯钾（K_2O）75kg/hm^2，小麦拔节期追施氮肥112.5kg/hm^2，小麦生育期灌溉5次，分别为出苗水、越冬水、起身水、孕穗水、灌浆水，于2011年6月22日收获。

（二）间作最佳条带配比研究（玉米与大豆最佳间作种植配比研究）

在上一年试验结论的基础上，本研究设置不同的间作条带配比处理，并以玉米和大豆分别单作种植作为对照，具体处理为：玉米单作、大豆单作、玉米‖大豆2：6、玉米‖大豆4：6、玉米‖大豆6：6五种夏播种植模式；每个处理3次重复，随即区组排列。玉米单作小区长10m，宽7m，面积为70m^2，采用大小行种植方式，大行距80cm，小行距50cm，株距25cm。大豆单作小区长11m，宽10m，面积为110m^2，采用等行距种植，大豆行距35cm，株距均为20cm。玉米‖大豆间作处理采用条带种植方式（图2-3），每个小区包括2个玉米条带、3个豆类条带，交错排列，相邻的玉米条带与豆类条带间距30cm，各条带均采用等行距种植，玉米行距50cm，株距25cm，大豆行距30cm，株距20cm；玉米‖大豆2：6小区长10m，宽7m，面积70m^2，玉米带宽0.5m，豆类带宽1.5m；玉米‖大豆4：6小区长10m，宽9m，面积90m^2，玉米带宽1.5m，豆类带宽1.5m；玉米‖大豆6：6小区长11m，宽10m，面积110m^2，玉米带宽2.5m，豆类带宽1.5m，各小区间用田埂隔开。作物品种：玉米为秋乐郑单958，由河南农科院种业有限公司生产；大豆为中黄30，由中国农业科学院作物科学研究所选育。

试验不设农家肥，化肥按不同作物最佳施肥量分别施用，玉米施纯氮（N）225kg/hm^2、纯磷（P_2O_5）75kg/hm^2、纯钾（K_2O）75kg/hm^2，其中氮肥按基肥：大喇叭口期追肥=1：1分施；豆类各施纯氮（N）45kg/hm^2、纯磷（P_2O_5）75kg/hm^2、纯钾（K_2O）75kg/hm^2，全部做基肥施用；磷钾肥基施。肥料品种：尿素（46%，中国石油天然气股份有限公司），普钙（12%，钟祥市金鸿磷肥厂），俄产爱普硫酸钾（52%）。

玉米、大豆在2011年6月24日播种，播种前，试验地统一施农药封闭防除杂草及病虫害，播种后灌溉一次，出苗后及时间定苗，作物生长期间及时除杂草，玉米和大豆均在2011年10月6日收获。2011年10月7日在原有处理小区上继续种植冬小麦，基肥施用纯氮（N）112.5kg/hm^2、（P_2O_5）

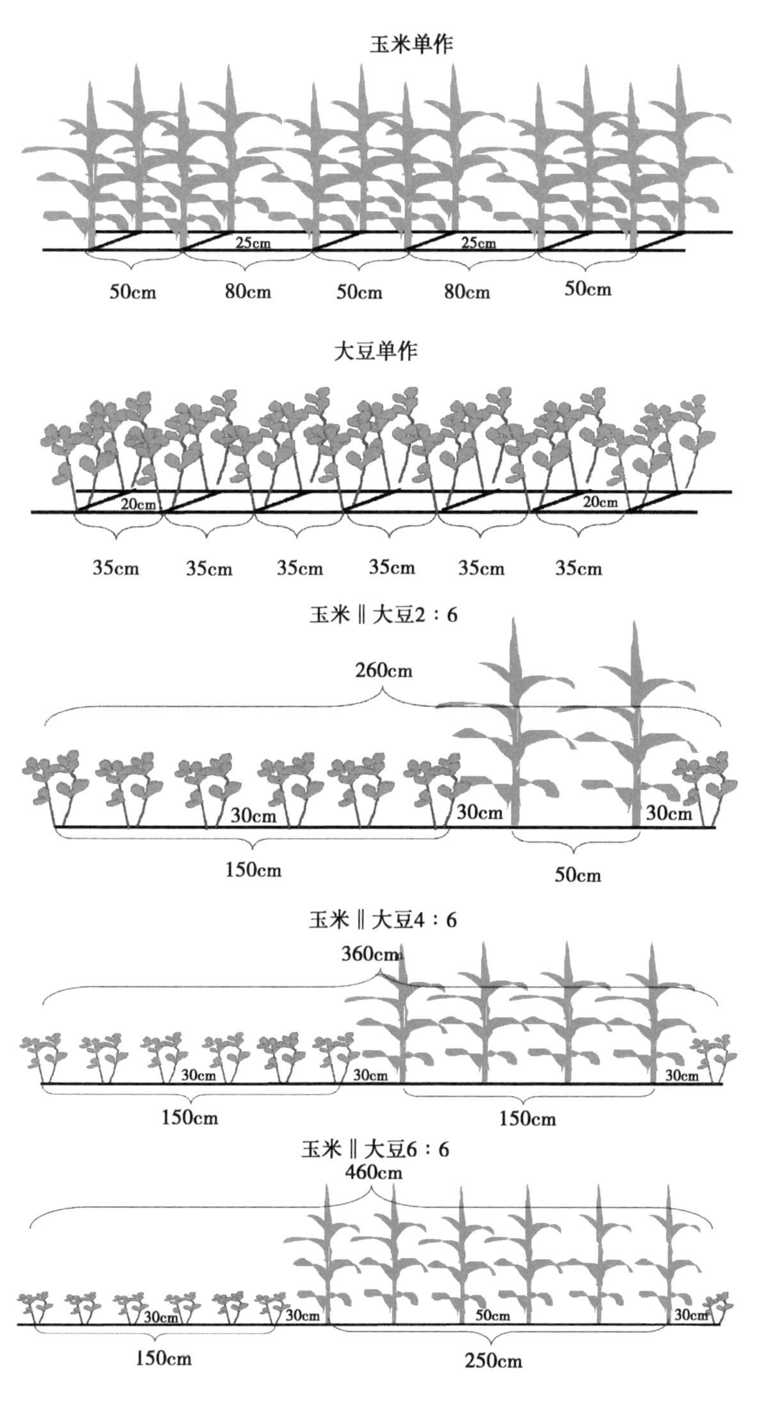

图 2－3　各种种植模式结构

75kg/hm^2、纯钾（K_2O）75kg/hm^2，小麦拔节期追施氮肥112.5kg/hm^2，小麦生育期灌溉5次，分别为出苗水、越冬水、起身水、孕穗水、灌浆水，并于2012年6月17日收获。

（三）间作减氮机制研究（玉米与大豆最佳条带配比降低土壤氮残留的效应与机制）

本研究在以玉米单作、大豆单作为对照的基础上，设置玉米‖大豆4∶6根部不分隔、玉米‖大豆4∶6根部分隔处理，构成四种夏播种植模式（图2－4），每个处理3次重复，随即区组排列。玉米单作小区长10m，宽7m，面积为70m^2，采用大小行种植方式，大行距80cm，小行距50cm，株距25cm。大豆单作小区长11m，宽10m，面积为110m^2，采用等行距种植，大豆行距35cm，株距均为20cm。玉米与大豆间作处理采用条带种植方式，每个小区包括2个玉米条带、3个豆类条带，交错排列，相邻的玉米条带与豆类条带间距30cm，其中根部分隔处理的玉米条带与大豆条带根部采用0.12mm农用棚膜分隔开，分隔长度为10m，深度1m，具体方法是：在玉米条带与大豆条带之间挖掘长10m，宽30cm，深1m的深沟，所挖掘出来的土壤分层次堆放，然后将长10m，宽1m的棚膜置于深沟中间位置，再将挖掘的土壤按原层次回填压实。间作种植的玉米条带和大豆条带均采用等行距种植，玉米行距50cm，株距25cm，大豆行距30cm，株距20cm；玉米与大豆间作小区长10m，宽9m，面积90m^2，玉米带和大豆带宽均为1.5m；各小区间用宽1m的隔离带隔开，隔离带不种植作物。

玉米品种是河南农科院种业有限公司生产的秋乐郑单958，大豆品种为中国农业科学院作物科学研究所选育中黄30。按各作物在当地种植时的推荐施肥量分别施用化肥，玉米施（N）225kg/hm^2、纯磷（P_2O_5）75kg/hm^2、纯钾（K_2O）75kg/hm^2，其中氮肥按基肥∶大喇叭口期追肥＝1∶1分施，磷钾肥全部基施；大豆施（N）45kg/hm^2、纯磷（P_2O_5）75kg/hm^2、纯钾（K_2O）75kg/hm^2，全部做基肥施用。

玉米、大豆在2011年6月24日播种，播种前，试验地统一施农药封闭防除杂草及病虫害，播种后灌溉一次，出苗后及时间定苗，作物生长期间及时除杂草，玉米和大豆均于10月6日收获。2011年10月7日在原有处理小区上继续种植冬小麦，基肥施用纯氮（N）112.5kg/hm^2、（P_2O_5）75kg/hm^2、纯钾（K_2O）75kg/hm^2，小麦拔节期追施氮肥112.5kg/hm^2，小麦生育期灌

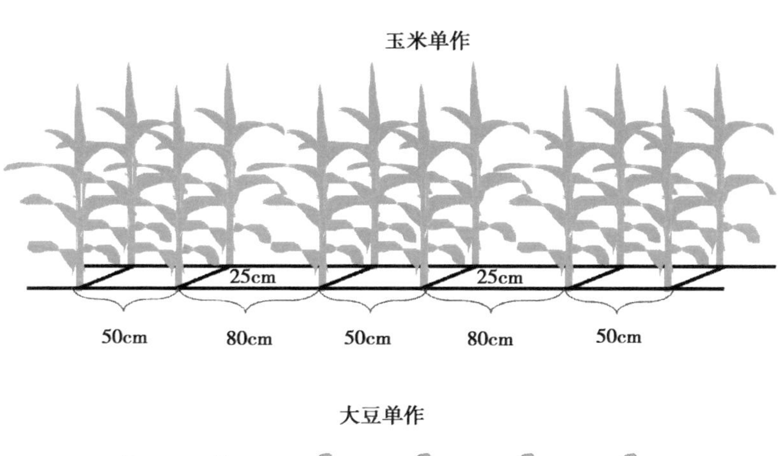

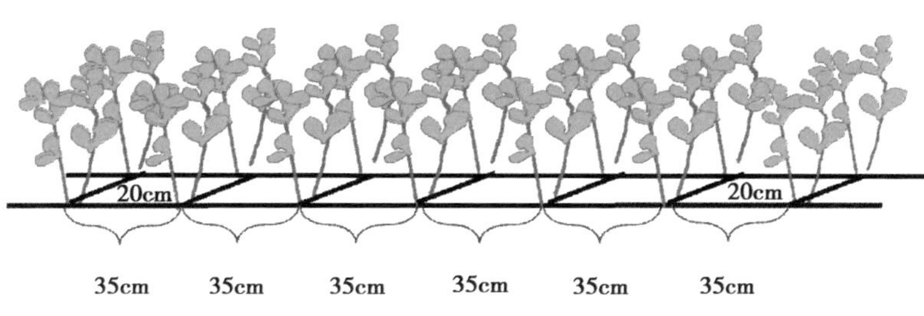

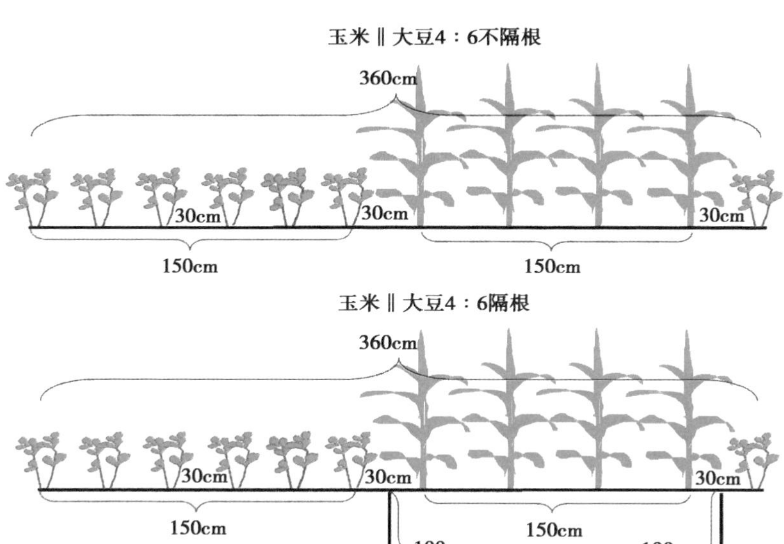

图2－4　四种种植模式田间结构

溉5次，分别为出苗水、越冬水、起身水、孕穗水、灌浆水，并于2012年6月17日收获。

（四）间作体系优化施氮研究（玉米与大豆最佳条带配比追施氮量对产量和土壤硝态氮的影响）

本研究针对玉米‖大豆4：6种植模式（图2－5），在施用基肥的基础上，设置不同的玉米追肥处理，具体处理为：不追肥（NO）、追肥75kg/hm^2（N75）、追肥180kg/hm^2（N180）。施肥方法为：播种时整个农田施用等量基肥，其后大豆不再追肥，玉米在播种后40d（大喇叭口期）追施不同量的氮肥；每个处理3次重复，随机区组排列。小区长10m，宽9m，面积90m^2，玉米、大豆带宽均为1.5m，其中每个小区均包括交错排列的2个玉米条带和3个大豆条带，相邻的玉米条带与大豆条带间距30cm，各条带均采用等行距种植，玉米行距50cm，株距25cm，大豆行距30cm，株距20cm；各小区间用宽1m的隔离带隔开，隔离带不种植作物。

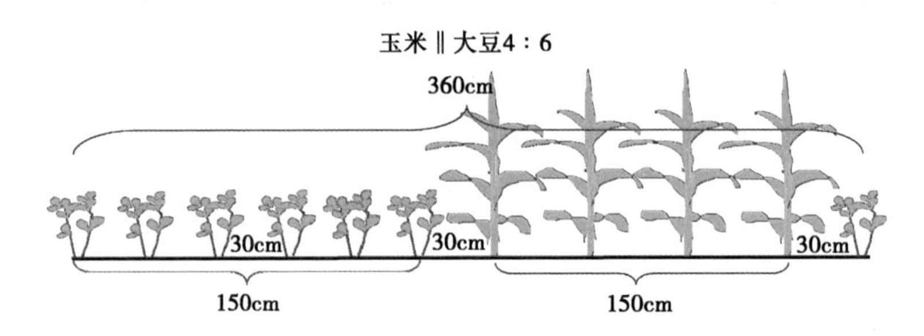

图2－5　玉米‖大豆4：6种植模式结构

玉米品种为河南农业科学院种业有限公司生产的秋乐郑单958，大豆品种为中国农业科学院作物科学研究所选育的中黄30。大豆按当地种植的推荐施肥量施用，大豆施纯氮（N）45kg/hm^2、纯磷（P_2O_5）75kg/hm^2、纯钾（K_2O）75kg/hm^2，全部做基肥施用；玉米基肥纯氮（N）45kg/hm^2、纯磷（P_2O_5）75kg/hm^2、纯钾（K_2O）75kg/hm^2。

玉米和大豆于2011年6月24日同日播种，播种前，试验地统一施用农药以防除杂草及病虫害；播种时，采用播种施肥一体机一次性完成操作，播种后灌溉一次，出苗后及时间定苗；玉米大喇叭口期只在玉米条带追施氮肥（DAP40，播种后40d），作物生长期间及时人工锄草，10月6日收获。玉米和大豆收获后，2011年10月7日在原有处理小区上继续种植冬小麦，播种时采用播种施肥一体机一次性完成操作，基肥施用纯氮（N）112.5kg/hm^2、（P_2O_5）75kg/hm^2、纯钾（K_2O）75kg/hm^2，小麦拔节期追施氮肥112.5kg/hm^2，小麦生育期灌溉5次，分别为出苗水、越冬水、起身水、孕穗水、灌浆水，并于2012年6月17日收获。其中，玉米施氮量225kg/hm^2、大豆施氮量45kg/hm^2、小麦施氮量225kg/hm^{2}为各作物在当地单作种植时的推荐施肥量。

四、样品采集及测定

（一）样品采集

1. 基础土壤样品采集

利用管型土钻，作物播种前以整个供试农田为单元，采取“S”形多点混合采样法，以每20cm为一层次采样深度200cm内的土样，每个土壤层次的样品必须充分混合，保存在自封袋内，及时带回实验室检测或冷冻保存。

2. 试验期间土壤样品采集

夏播期的作物关键生育期，以各处理小区为单元采取“S”形5点混合采样法采集各土壤层次样品，单作处理以各自小区为单元采集土样，间作处理小区分玉米带、豆类（大豆或小豆）带、交界带等三部分分别采集土样，土样采集后分别冰冻保存待测。其中，夏播种植模式筛选研究在玉米收获时采样，深度200cm，每20cm为一层；间作条带配比研究中，按玉米喇叭口期、抽雄期、灌浆期、收获期分别在各作物条带各行间、交界带分别采集土样（图2-6，以玉米‖大豆6：6为例），深度20cm。

3. 植株样品采集

夏播期，以不同处理为单元采集作物整株的地上部分，其中，间作条带配比研究中各作物关键生育期（播种后26d—玉米小喇叭口期、播种后57d—玉米抽雄期、播种后74d—玉米灌浆期和播种后104d—玉米成熟期），在各作物条带分行分别采集植株样（图2-7，以玉米‖大豆6：6为例），每种作物采集10株，收获时秸秆与籽粒分别取样，105℃条件下杀青30min，85℃条件下烘干称重，粉碎待测。小麦样品采集，在原有夏播季处理小区内分别取样方2m^{2}脱粒后测产，籽粒、秸秆分别取样。

4. 光合参数测定

间作条带配比研究的玉米抽雄期、灌浆期，按处理分行（图2-6，以玉米‖大豆 6∶6 为例）分别采用 LI－6400 光合仪进行光合测定（Ma et al，2012；Liu et al，2012；Fan et al，2011）。光合测定条件为光照强度 1 800μmol/m^2 · s、CO_2 浓度 400μmol CO_2/mol、温度 30℃、空气相对湿度 0%（指进入叶室的空气水分含量为零）。在各生育期内晴朗天气条件下，选择阳光充足的上午 9∶00～12∶00 进行，测定穗位叶中部。

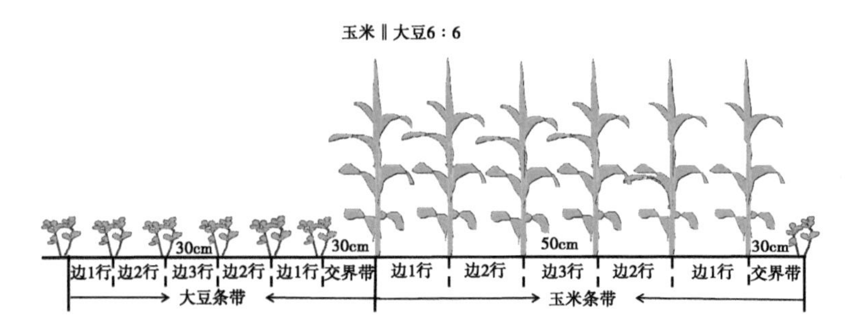

图 2－6　土壤样品取样位置（以玉米‖大豆 6∶6 为例）

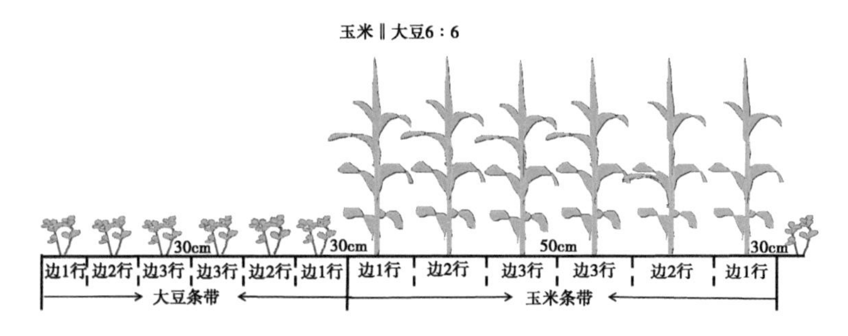

图 2－7　植株样品取样位置（以玉米‖大豆 6∶6 为例）

（二）样品测定

1. 样品测试方法

种植前土样检测 pH 值、全氮、全磷、全钾、有机质、速效磷、速效钾、硝态氮、铵态氮和土壤容重等 10 个指标，作物关键生育期间采集土样检测硝态氮、铵态氮，植株样分秸秆和籽粒分别检测全氮。土壤全氮采用半微量开氏法检测，植株全氮采用 H_2SO_4－H_2O_2 消煮后凯氏定氮法测定，土壤硝态氮、铵态氮采用 $CaCl_2$ 浸提后流动分析仪（TRAACS2000）测定，其他测定指标均采用《土壤分析技术规范》中的相关检测方法（表 2－2）。

表 2－2　各指标测定方法（鲍士旦，2000）

样品	测定项目	测定方法
土样	全氮	半微量凯氏法：样品在加速剂的参与下，用浓硫酸消煮时，各种含氮有机化合物，经过复杂的高温分解反应，转化为铵态氮。碱化后蒸馏出来的氨用硼酸吸收，以酸标准溶液滴定，计算土壤全氮含量（不包括硝态氮）。包括硝态和亚硝态氮的全氮测定，在样品消煮前，需先用高锰酸钾将样品中的亚硝态氮氧化为硝态氮后，再用还原铁粉使全部硝态氮还原，转化成铵态氮
	全磷	氢氧化钠熔融－钼锑抗比色法：土壤样品与氢氧化钠熔融，使土壤中含磷矿物及有机磷化合物全部转化为可溶性的正磷酸盐，用水和稀硫酸溶解熔块，在规定条件下样品溶液中的磷酸根与钼锑抗显色剂反应，生成磷钼蓝，其颜色的深浅与磷的含量成正比，通过分光光度法定量测定
	全钾	碱熔—火焰光度计法或原子吸收分光光度计法：土壤中的有机物和各种矿物在高温（720℃）及氢氧化钠熔剂的作用下被氧化和分解。用硫酸溶液溶解融块，使钾转化为钾离子，用火焰光度计或原子吸收分光光度计测定
	有机质	油浴加热重铬酸钾氧化—容量法：在加热条件下，用过量的重铬酸钾－硫酸溶液氧化土壤有机碳，多余的重铬酸钾用硫酸亚铁铵标准溶液滴定，以样品和空白消耗重铬酸钾的差值计算出有机碳量。因本方法与干烧法对比只能氧化90%的有机碳，因此，将测得的有机碳乘以校正系数1.1，再乘以常数1.724（按土壤有机质平均含碳58%计算），即为土壤有机质含量
	速效磷	碳酸氢钠提取—钼锑抗比色法：碳酸氢钠溶液除可提取水溶性磷外，也可以抑制 Ca^{2+} 的活性，使一定量活性较大的 Ca－P 盐类中的磷被浸出，也可使一定量活性 Fe－P 和 Al－P 盐类中的磷通过水解作用而浸出。由于浸出液中 Ca、Fe、Al 浓度较低，不会产生磷的再沉淀。浸提液中的磷可用钼锑抗比色法定量测定。土壤浸出的磷量与土液比、液温、振荡时间及方式有关。本法严格规定土液比为1∶20，浸提液温度为25℃±1℃，振荡提取时间为30min
	速效钾	乙酸铵浸提—火焰光度计或原子吸收分光光度计法：以中性1mol/L乙酸铵溶液为浸提剂时，NH_4^+ 与土壤胶体表面的 K^+ 进行交换，连同水溶性钾一起进入溶液，浸出液中的钾可直接用火焰光度计或原子吸收分光光度计测定
	硝态氮	0.01mol/L $CaCl_2$ 浸提—连续流动化学分析仪：称取12g过2mm筛孔的鲜土放于180ml三角瓶中，用加液器准确加入0.01mol/L $CaCl_2$ 溶液100ml，盖上盖子，置于振荡器上（温度22℃，转速200转/s）振荡1h。取出用定性滤纸过滤，此时滤液可以用连续流动化学分析仪
	铵态氮	0.01mol/L $CaCl_2$ 浸提—连续流动化学分析仪：称取12g过2mm筛孔的鲜土放于180ml三角瓶中，用加液器准确加入0.01mol/L $CaCl_2$ 溶液100ml，盖上盖子，置于振荡器上（温度22℃，转速200转/s）振荡1h。取出用定性滤纸过滤，此时滤液可以用连续流动化学分析仪
土样	容重	环刀法：利用一定容积的环刀切割自然状态的土壤，使土壤充满其中，称量后计算单位体积的烘干土壤质量，即为容重
	含水量	烘干法：土壤样品在105℃±2℃烘至恒重时的失重，即为土壤样品所含水分的质量
	pH	电位法：将pH玻璃电极和甘汞电极（或复合电板）插入土壤悬液或浸出液中构成一原电池，测定其电动势值，再换算成pH值。在酸度计上测定，经过标准溶液定值后则可直接读取pH值

（续表）

样品	测定项目	测定方法
植株样	全氮 全磷 全钾	$H_2SO_4-H_2O_2$消煮—凯氏定氮法：植物样品在浓H_2SO_4溶液中，历经脱水碳化、氧化等一系列作用，而氧化剂H_2O_2在热浓H_2SO_4溶液中分解出的新生态氧具有强烈的氧化作用，分解H_2SO_4破坏的有机物和碳，使有机氮、磷等转化为无机铵盐和磷酸盐等，因此可以在同一消煮液中分别测定N、P、K等元素

2. 玉米光合特性测定方法

采用LI－6400光合仪测定作物光合特性，在设定条件下分别测定不同生育时期不同处理各行玉米叶片的净光合速率（P_n）、气孔导度（G_s）、胞间CO_2浓度（C_i）以及蒸腾速率（T_r）。控制环境条件测量操作方法如下：

（1）检查化学药品，硬件连接（如果使用CF卡，则插入主机后面固定小槽内），安装LED光源和CO_2注入系统。

（2）开机，配置界面选择使用LED光源配置，连接状态按“Y”，进入主菜单，预热约20min。

（3）按F4进入测量菜单。

（4）进行日常检查。

（5）将CO_2化学管拧到完全Scrub位置，Dessicant化学管拧到完全By-pass位置，按2，再按F3（Mixer），设定需要CO_2浓度。按F5，选择“Q）Quantum Flux XXX mol/m^2·s”，enter，输入需要光强，enter。

（6）控制叶片温度。按2，F4，选择Block温度，enter，输入测定温度，enter，回到测量界面。按3，F1（area）输入实际测量的叶片面积。

（7）打开叶室，夹好测量的植物叶片。

（8）按1，F1，Open LogFile，选择将数据存入的位置（主机或CF卡），建立一个文件，enter，输入一个remark，enter。

（9）等待a行参数稳定，b行ΔCO_2值波动$<0.2\mu mol/mol$，Photo参数稳定在小数点之后一位；c行参数在正常范围内（$0<Cond<1$、$Ci>0$、$Tr>0$）。

（10）按F1（Log）记录数据。

（11）更换另一叶片，按F4，添加remark，重复7～10步骤，进行测量。至少半小时进行一次Match。

（12）F3（Close file），保存数据文件。

（13）用 RS－232 数据线连接电脑和 LI－6400，按 esc 退回主界面，按 F5（Utility Menu），按上下箭头选择“File Exchange Mode”，在电脑上预先安装 SimFX 软件，双击打开 LI6400FileEx，点击 File，选择 Prefs，选择 Com 端口，按 Connect，连接成功后，选择文件传输到指定位置（CF 卡内的数据也可在退出卡后，直接插入电脑读卡器来导出数据）。

（14）按 esc，退回主界面，关机。把化学管旋钮旋至中间松弛状态；旋转叶室固定螺丝，保持叶室处于打开状态。

（三）数据处理

1. 采用 Microsoft Excel 2010 制作图表，采用 SPSS10.0 软件进行（One－Way ANOVA）数据差异的显著性分析。

2. 相关计算公式如下：

土地当量比（LER）＝（Y_{ic}/Y_{mc}）＋（Y_{ib}/Y_{mb}）；式中，Y_{ic} 和 Y_{ib} 分别代表间作玉米和间作豆类的产量，Y_{mc} 和 Y_{mb} 分别为单作玉米和单作豆类的产量，LER＞1 为间作优势，LER＜1 为间作劣势。

经济效益（元/hm^2）＝产量（kg/hm^2）×单价（元/kg）－投入（元/hm^2）；其中，投入包括化肥、农药、种子、机械等费用。

吸氮量（kg/hm^2）＝产量（kg/hm^2）×氮含量（%）

吸磷量（kg/hm^2）＝产量（kg/hm^2）×磷含量（%）

吸钾量（kg/hm^2）＝产量（kg/hm^2）×钾含量（%）

土壤硝态氮残留（kg/hm^2）＝土壤硝态氮含量（%）×容重（g/cm^3）×土层厚度（cm）/10

间作地上部增产贡献率（%）（刘广才等，2005）＝（隔根作物产量－单作种植作物产量）/（不隔根作物产量－单作种植作物产量）×100%

间作地下部增产贡献率（%）（刘广才等，2005）＝1－间作地上部增产贡献率

（四）注解

玉米‖大豆表示玉米大豆间作种植模式，玉米‖红小豆表示玉米红小豆间作种植模式。

参考文献

鲍士旦．2000．土壤农化分析［M］．北京：中国农业出版社．

刘广才，李隆，黄高宝，等 . 2005. 大麦/玉米间作优势及地上部和地下部因素的相对贡献研究［J］. 中国农业科学（09）：1 787 – 1 795.

Fan Y Z，Zhong Z M，Zhang X Z. 2011. A comparative analysis of photosynthetic characteristics of hulless barley at two altitudes on the Tibetan Plateau［J］. Photosynthetica，49：112 – 118.

Liu T D，Song F B. 2012. Maize photosynthesis and microclimate within the canopies at grain – filling stage in response to narrow – wide row planting patterns［J］. Photosynthetica，50：215 – 222.

Ma K F，Song Y P，Jiang X B，et al. 2012. Photosynthetic response to genome methylation affects the growth of Chinese white poplar［J］. Tree Genetics & Genomes，8：1 407 – 1 421.

第三章　夏玉米间作配对作物筛选研究

优化农田轮作方式是防止养分损失的途径之一，作物类型及轮作类型不同，农田氮磷盈余差别较大，造成的环境风险相差也很大（Owens et al，1995；Nevens et al，2001；林青慧，2004；许仙菊，2007）。相对单作而言，间套作可以显著减少土壤硝态氮淋失，还可以充分利用光热等自然资源，具有明显产量优势（李隆等，2000；Zhang et al，2003；刘均霞，2008）；与单作相比，间作还能够显著降低硝态氮在土壤中的积累，并在一定程度上提高间作作物对氮素的吸收（叶优良等，2008）。研究表明，华北平原小麦玉米轮作的夏播季进行禾豆科间作种植的生态经济效益远远高于传统的麦玉连作种植（张伟等，2009）。本研究以华北平原典型的夏季旱作农田为研究对象，以合理的夏播间作种植模式研究为切入点，通过田间对比试验，筛选出既能有效控制长期单一化夏玉米种植下过量施肥带来的土壤硝态氮残留过高问题，又能提高农田经济效益的夏播旱地间作种植模式。

一、不同夏玉米种植模式的产量及经济效益

玉米是华北平原夏播季的主栽作物，玉米单作种植是最常见的栽培方式。相对传统的玉米单作种植，玉米‖大豆和玉米‖小豆两种夏播间作种植模式均有一定的产量和效益优势，这两种间作模式的土地当量比均大于1（表3－1），这也说明间作种植的土地利用率高于单作种植。玉米‖大豆的土地当量比为1.27，相对单作种植，其土地利用率提高了27%，间作玉米、间作大豆产量相对相同可比面积上单作玉米、单作大豆分别提高了24.63%、30.51%；玉米‖小豆的土地当量比为1.30，相对单作种植，其土地利用率提高了30%，间作玉米、间作小豆相对相同可比面积上单作玉米、单作小豆分别提高24.58%、39.78%。

玉米‖大豆和玉米‖小豆两种夏播间作模式相对单作种植均可以显著提高农田经济效益（$P<0.05$）（表3－1）。玉米‖大豆种植的经济效益最高，每公顷高达19 050元，相对玉米单作、大豆单作分别提高了12.09%、89.00%；玉米‖小豆种植的经济效益与玉米‖大豆差异不显著，两者差值仅为54.19元/hm^2，

但相对玉米单作、小豆单作种植分别提高了11.71%、110.57%。同时，大豆单作（10 079元/hm^2）与小豆单作（9 021元/hm^2）种植的经济效益差异不显著，但都显著低于其他种植模式，仅仅与玉米单作种植相比就分别减少了40.69%、46.92%，这也是目前华北旱作农田豆科作物大面积单作种植非常少见的主要原因。

表3-1 不同夏玉米种植模式的产量及经济效益

处理		产量（kg/hm^2）	土地当量比	经济效益（元/hm^2）
玉米		11 003 ±172	—	16 995 b
大豆		3 091 ±63	—	10 079 c
小豆		2 583 ±87	—	9 021 c
玉米‖大豆	玉米	9 142 ±75	1.27	19 050 a
	大豆	1 345 ±55		
玉米‖小豆	玉米	9 139 ±255	1.30	18 995 a
	小豆	1 203 ±19		

注：①字母代表各处理在$P<0.05$水平上的差异显著性，下同；②间作作物较相同可比面积上单作作物增产率：（每公顷某间作作物实际产量－与间作作物实际占地面积相同的单作作物产量）/与间作作物实际占地面积相同的单作作物产量×100%；③机械费用300元/hm^2，灌溉150元/hm^2；玉米种价格8.00元/kg，大豆种12.00元/kg，小豆种20元/kg；2010年玉米收购价格1.80元/kg，玉米秸秆收购价格0.02元/kg，大豆收购价格4.00元/kg，小豆收购价格4.50元/kg；尿素2 100元/t，过磷酸钙800元/t，进口硫酸钾3 500元/t

二、不同夏玉米种植模式的养分吸收

（一）氮素吸收

不同作物、同一作物不同种植模式的籽粒与秸秆氮素含量各不相同，无论是玉米还是豆类作物，其籽粒氮素含量均高于秸秆（表3-2）。对各作物籽粒部分氮素含量来讲，大豆远高于玉米和小豆，并以玉米籽粒氮素含量最低，仅相当于大豆氮含量的四分之一左右。相对单作种植模式，间作种植对间作大豆和间作小豆的籽粒氮含量影响不大，但降低了间作玉米的氮素含量。大豆和小豆秸秆的氮素含量远远低于其对应的作物籽粒氮素含量，玉米秸秆相对玉米籽粒的氮素含量也有所下降，但下降程度远远低于大豆和小豆。相对单作种植模式，间作种植的各种作物秸秆氮素含量均有不同程度的下降，但差别不大。

不同夏播种植模式的作物整体吸氮量差异显著（$P<0.05$）（表3-2）。玉米‖大豆种植模式的整体吸氮量最高，达到276.67kg/hm²，与玉米单作种植（270.50kg/hm²）的吸氮量差异不显著，但显著高于其他三种种植模式；玉米‖小豆种植模式的整体吸氮量（253.70kg/hm²）与大豆单作种植（244.26kg/hm²）差异不显著；所有种植模式中，以小豆单作种植模式的吸氮量最低，仅为152.11kg/hm²，这主要与红小豆的产量相对较低有关。

表3-2　夏玉米间作种植氮素吸收

处理		籽粒氮含量（g/kg）	秸秆氮含量（g/kg）	整体吸氮量（kg/hm²）
玉米		14.99±0.27	10.78±0.56	270.50±4.54 a
大豆		63.82±1.26	14.92±0.10	244.26±10.82 b
小豆		36.20±0.80	13.39±2.17	152.11±3.79 c
玉米‖大豆	玉米	11.75±0.32	8.83±1.39	276.67±9.45 a
	大豆	63.62±2.18	10.98±1.22	
玉米‖小豆	玉米	12.24±0.52	9.82±1.14	253.70±7.50 b
	小豆	36.48±0.54	9.73±0.81	

（二）磷素吸收

相对作物各部位氮含量，各作物收获部分的磷素含量普遍较低，并且不同作物和不同种植模式下同一作物的籽粒与秸秆磷素含量也有不同程度的差别，并且各种作物的籽粒磷素含量远远高于秸秆（表3-3）。三种作物中，大豆籽粒磷素含量最高，小豆次之，玉米籽粒磷素含量最低，相对各作物的单作种植，间作种植对各种作物籽粒磷素含量影响均不大。除小豆单作种植以外，各种植模式下作物的秸秆磷素含量均低于1g/kg；单作作物中，小豆秸秆磷素含量高于大豆，并且这两种作物均远远高于玉米，间作种植提高了玉米秸秆磷素含量，而降低了大豆和小豆秸秆磷素含量，尤其是小豆秸秆磷素含量下降了47%左右。

不同种植模式的整体吸磷量存在不同程度的差异，其中玉米‖大豆模式吸磷量最高，达到30.68kg/hm²，但与玉米‖小豆吸磷量（29.45kg/hm²）差异不显著，两种间作模式的整体吸磷量显著高于其他三种单作模式（$P<$

0.05）。三种单作种植模式中，单作玉米和单作大豆的吸磷量差异不显著，分别为23.68kg/hm^2、22.16kg/hm^2，单作小豆吸磷量最低，仅玉米‖大豆吸磷量的50%左右。

表3－3　夏玉米间作种植磷素吸收

处理		籽粒磷含量（g/kg）	秸秆磷含量（g/kg）	整体吸磷量（kg/hm^2）
玉米		1.76±0.16	0.44±0.01	23.68±0.78 b
大豆		6.20±0.23	0.95±0.01	22.16±0.76 b
小豆		4.05±0.09	1.12±0.04	15.36±1.27 c
玉米‖大豆	玉米	1.78±0.04	0.64±0.08	30.68±0.74 a
	大豆	6.19±0.26	0.81±0.01	
玉米‖小豆	玉米	2.02±0.08	0.68±0.03	29.45±0.59 a
	小豆	3.57±0.09	0.59±0.01	

（三）钾素吸收

与作物氮素和磷素含量不同，玉米籽粒的钾素含量远低于秸秆，而大豆和小豆籽粒钾素含量要高于秸秆（表3－4）。玉米、大豆和小豆的籽粒钾素含量差异很大，大豆钾含量最高达20.62g/kg，小豆次之，为14.75g/kg，玉米籽粒钾素含量最低仅为3.60g/kg。间作种植对大豆和小豆籽粒的钾素含量均无显著影响，相对单作种植，玉米与大豆间作对间作玉米籽粒钾素含量影响也不显著，但玉米与小豆间作导致玉米籽粒钾素含量降低了31%。无论单作种植还是间作种植，各作物秸秆的钾素含量均差别不大，含量范围为10.76～14.98g/kg。

各种夏播种植模式的整体吸钾量均存在不同程度的差别，其中以玉米单作种植的吸钾量最高达到186.38kg/hm^2，这主要是由于玉米的生物量较大导致的，但相对玉米‖大豆仅高出14.64kg/hm^2，而大豆和小豆单作种植的吸钾量分别为97.61kg/hm^2、89.63kg/hm^2，均远远低于其他种植模式，这也主要是因为大豆和小豆最终收获的生物量较低。玉米‖大豆和玉米‖小豆两种间作种植模式的吸钾量差异不大，从各种植模式的钾素吸收来看，玉米所占比例越大，吸钾量越高，这主要与玉米收获后的生物量远高于大豆和小豆有关。

表 3-4　夏玉米间作种植钾素吸收

处理		籽粒钾含量（g/kg）	秸秆钾含量（g/kg）	整体吸钾量（kg/hm²）
玉米		3.60 ±0.24	14.98 ±0.58	186.38 ±2.64 a
大豆		20.62 ±0.65	10.76 ±0.18	97.61 ±2.01c
小豆		14.75 ±0.10	11.77 ±0.77	89.63 ±0.26c
玉米‖大豆	玉米	3.62 ±0.11	12.25 ±0.06	171.74 ±1.01ab
	大豆	20.91 ±0.19	10.77 ±0.18	
玉米‖小豆	玉米	2.50 ±0.01	11.81 ±0.67	158.63 ±0.12b
	小豆	14.48 ±0.10	12.25 ±1.02	

三、不同夏玉米种植模式的土壤无机氮含量变化

（一）土壤含水量变化

整体上，各种夏播种植模式下的各个作物条带土壤含水量均随土壤深度的增加而增加（图 3-1）。单作玉米土壤含水量从表层的 19.50% 增加到最底层的 23.10%，大豆单作土壤含水量从表层的 17.25% 增加到最底层的 23.77%，小豆单作土壤含水量从表层的 19.33% 增加到最底层的 23.62%，玉米‖大豆种植的玉米条带和大豆条带土壤含水量分别从表层的 16.23% 和 17.48% 增加到最底层的 23.48% 和 23.43%，玉米‖小豆的玉米条带和小豆条带土壤含水量分别从表层的 17.34% 和 19.33% 增加到最底层的 23.53% 和 24.50%。

玉米、大豆和小豆等三种单作种植模式在 40~60cm 土层处均有一个陡增现象，但在 60~80cm 土层处土壤水分含量开始回落并在 80cm 向下继续随土壤深度增加呈平缓增长趋势。与玉米单作土壤水分含量相比，两种间作模式导致间作玉米条带 0~120cm 内的各层土壤水分含量相对较低，但自 120cm 土层处向下的各层土壤水分含量与玉米单作种植趋近，甚至略高于玉米单作土壤水分含量。

大豆单作表层土壤含水量低于对应的玉米单作，但对 40cm 向下的各土层土壤含水量来说，大豆单作与玉米单作差异不大；间作大豆带土壤含水量变化趋势与间作玉米带相似，在 0~120cm 内各层土壤水分低于对应的大豆单作土层，但在 120~200cm 土层内，间作大豆条带各层土壤水分含量开始

高于单作。0～120cm 土层深度内，小豆单作土壤含水量及其变化均与玉米单作差别不大，但从 80cm 向下，小豆单作的各层土壤含水量均高于对应的玉米单作土层；除表层 0～20cm 和最底层 180～200cm 外，间作小豆条带各层土壤含水量均低于小豆单作。

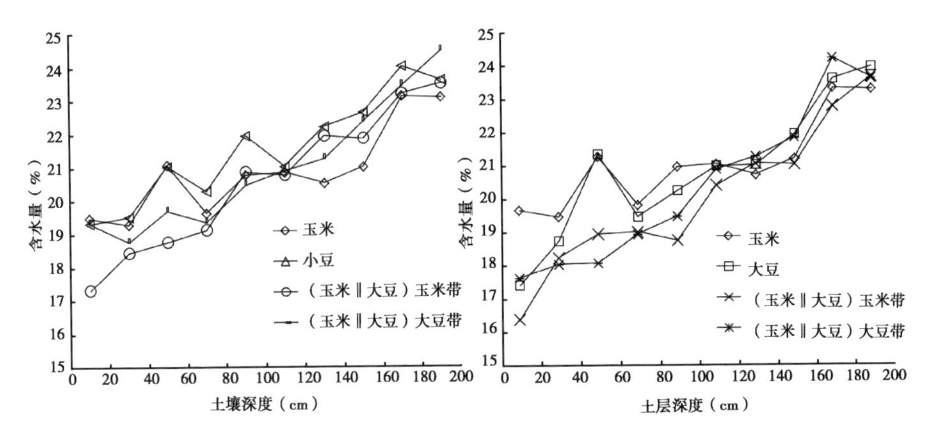

图 3－1　不同夏播种植模式的土壤含水量变化

（二）土壤无机氮含量变化

整体上，各种夏播种植模式的各作物条带土壤硝态氮含量均随土壤深度的增加而呈下降趋势（图 3－2）。各种种植模式下各作物条带的表层土壤硝态氮含量为 6.89～16.96mg/kg，其中单作玉米条带的土壤硝态氮含量明显高于其他作物条带，但在 180～200cm 土层处，各种种植模式下各作物条带的土壤硝态氮含量差异不大，为 2.20～3.37mg/kg。然而，各作物条带的土壤硝态氮在某一土层处均有较明显的突增阶段，其中间作大豆条带、玉米单作、两种间作模式中的玉米条带土壤硝态氮含量增长均集中在 40～80cm 土层处，大豆单作、小豆单作、间作小豆条带土壤硝态氮含量增长均集中在 100～120cm 土层处。

各种种植模式中，以玉米单作种植耕层土壤硝态氮含量最高（16.96mg/kg），大豆单作（6.89mg/kg）、小豆单作（7.94mg/kg）耕层土壤硝态氮含量都明显低于其他各作物条带，这可能主要与施氮量不同有关。在实际生产实践中，玉米施氮量远高于大豆和小豆施氮量。相对相应作物单作种植，两种间作模式的玉米条带各层土壤硝态氮含量均有所降低，而间作大豆条带、间作小豆条带硝态氮含量却有明显增加，尤其是在 0～100cm 范围内，作物间作种植与单作种植的土壤硝态氮含量差异显著。各种作物条带自 100cm 向下的各层硝态氮含量均显著下降，并且各种作物条带的土壤硝态氮含量逐渐趋于相近，除玉米单作种植以外，其他种植模式下各层土壤硝态氮含量均低于 5.00mg/kg。

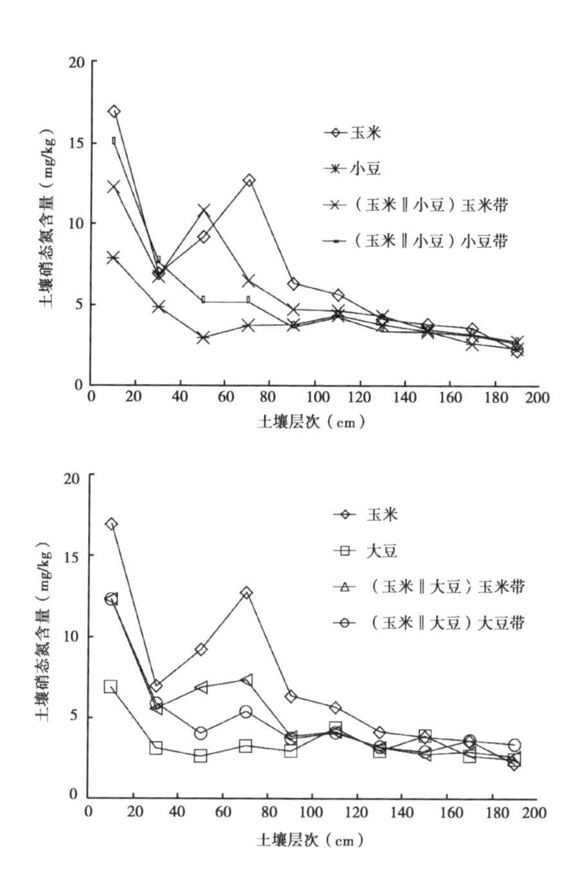

图 3－2　不同夏播种植模式的土壤硝态氮含量变化

各种种植模式下的各作物条带的各个土层铵态氮含量显著低于对应的土壤硝态氮含量为 0.96～2.38mg/kg（图 3－3）。在三种单作种植模式中，单作玉米的各土层铵态氮含量均高于对应的大豆单作和小豆单作土层。除 0～40cm 以外，玉米‖大豆种植模式中的间作玉米条带其他各层次的土壤铵态氮含量相对玉米单作各层土壤均有所下降；间作玉米 0～160cm 各土层的铵态氮含量显著高于对应的间作大豆条带各土层，但间作玉米 160～200cm 各土层的铵态氮含量低于对应的间作大豆条带各土层；间作大豆条带 0～

160cm 各土层的铵态氮含量均低于对应的单作大豆条带各土层，而间作大豆 160～200cm 各土层的铵态氮含量高于对应的单作大豆条带各土层。玉米‖小豆种植模式中的间作玉米条带各层次土壤铵态氮含量相对玉米单作各层土壤均有所下降；间作玉米各土层的铵态氮含量（80～100cm 除外）均低于对应的间作小豆条带各土层，并且间作种植导致间作大豆条带各土层的铵态氮含量均高于对应的单作大豆条带各土层。

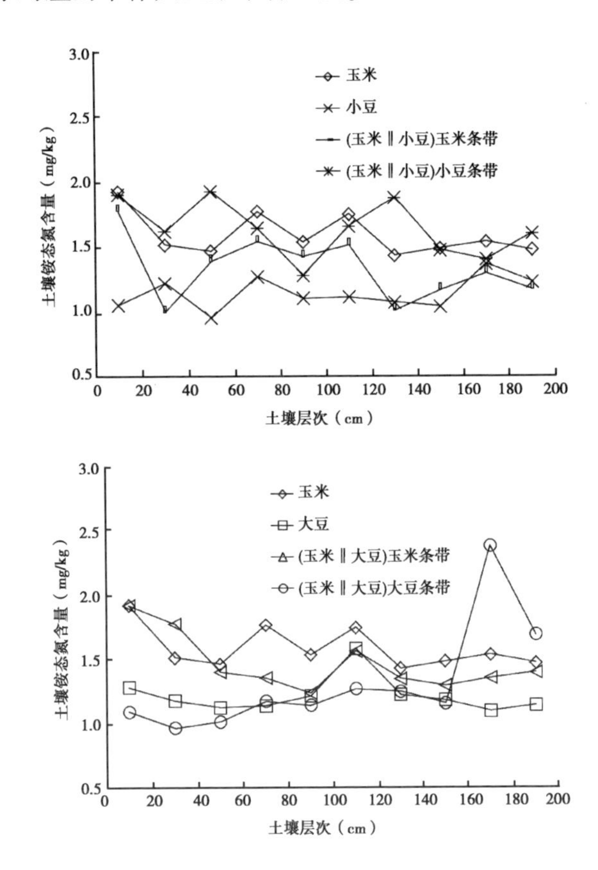

图 3－3　不同夏播种植模式的土壤铵态氮含量变化

（三）不同夏玉米种植模式的土壤硝态氮残留

不同夏播种植模式的（0～200cm）土壤硝态氮残留差异显著，相对传统的玉米单作种植，玉米‖大豆和玉米‖小豆两种夏播间作种植模式均可以显著降低夏茬作物收获后的土壤（0～200cm）硝态氮残留量（$P<0.05$）（图 3－4）。玉米单作种植 0～200cm 土层硝态氮残留量达到 192.25kg/hm^2，

分别高出玉米‖大豆、玉米‖小豆间作种植 56.66kg/hm^2、37.97kg/hm^2；大豆单作种植的土层（0~200cm）硝态氮残留量最低，仅为 94.58kg/hm^2，但与小豆单作种植的土壤硝态氮残留差异不显著，但由于大豆单作和小豆单作两种种植模式经济效益过低，不能被广大农户接受，因此即使其土壤硝态氮残留最低，也无法用于规模化生产实践。

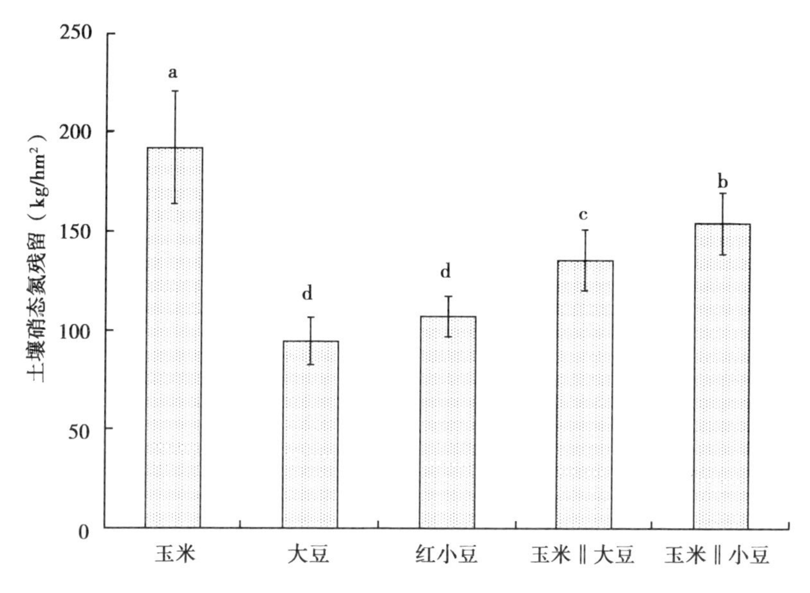

图 3-4　夏玉米间作种植土壤硝态氮残留（0~200cm）

四、不同夏播种植模式的后茬效应

（一）不同夏播种植模式对后茬冬小麦产量的影响

小麦是华北平原夏播作物收获后最主要的秋播作物，虽然不同夏播种植模式的产量差异较大，但其对后茬冬小麦的产量影响并不显著（表 3-5）。夏播玉米单作、大豆单作、小豆单作种植模式下，后茬冬小麦籽粒产量和秸秆产量在统计意义上均无显著差异，但相对夏播玉米单作，夏播大豆单作、小豆单作的后茬冬小麦秸秆产量在数值上有很小幅度的增加，分别提高了 233kg/hm^2、433kg/hm^2。同样地，玉米‖大豆、玉米‖小豆两种夏播模式相对各种夏播单作种植在后茬小麦籽粒和秸秆产量上的影响在统计意义也没有显著作用，但在实际产量数值上，夏播间作种植对后茬冬小麦籽粒产量和秸秆产量的提高有一定作用，其中玉米‖大豆种植籽粒产量、秸秆产量分别高出其他处理 135 ~ 197kg/hm^2、153 ~ 673kg/hm^2。然而，夏播玉米‖大豆、玉米‖小豆相对各种夏播单作种植模式在后茬作物增产方面优势并不明显。总体来讲，夏播间作种植模式下单位面积实际氮肥投入低于玉米单作种植，但却也并未由此导致后茬冬小麦的减产。

表 3 – 5　夏玉米间作种植后茬冬小麦产量

夏播处理	后茬作物	籽粒产量（kg/hm^2）	秸秆产量（kg/hm^2）
玉米	小麦	7 633 ±289 a	7 500 ±346 a
大豆	小麦	7 633 ±354 a	7 733 ±102 a
小豆	小麦	7 633 ±764 a	7 933 ±121 a
玉米‖大豆	小麦	7 830 ±110 a	8 173 ±366 a
玉米‖小豆	小麦	7 695 ±446 a	8 020 ±135 a

（二）不同夏播种植模式对后茬冬小麦养分吸收的影响

不同夏播种植模式下的后茬冬小麦籽粒氮素含量显著高于秸秆，但无论小麦籽粒还是秸秆氮素含量，夏播种植模式对其均无显著影响，并且不同夏播种植模式对后茬冬小麦的整体氮素吸收能力影响也不显著，不同夏播种植的后茬冬小麦吸氮量差异并不显著（表 3 – 6）。夏播玉米‖大豆种植下的后茬冬小麦整体吸氮量达到 184. 09kg/hm^2，与其他四个夏播处理的差距仅在 0. 63 ~ 5. 29kg/hm^2。

表 3 – 6　不同夏播种植模式下的后茬冬小麦氮素吸收

夏播处理		后茬作物	籽粒氮含量（g/kg）	秸秆氮含量（g/kg）	作物吸氮量（kg/hm^2）
玉米		小麦	19. 60 ±0. 76	3. 93 ±0. 61	178. 80 ±4. 09
大豆		小麦	19. 66 ±1. 44	4. 23 ±0. 53	181. 51 ±3. 01
小豆		小麦	19. 95 ±0. 38	3. 96 ±0. 21	183. 73 ±1. 74
玉米‖大豆	玉米	小麦	19. 19 ±1. 04	4. 08 ±0. 13	184. 09 ±2. 05
	大豆		19. 69 ±0. 24	3. 88 ±0. 37	
玉米‖小豆	玉米	小麦	19. 38 ±1. 17	3. 73 ±0. 60	182. 58 ±2. 94
	小豆		20. 29 ±1. 27	3. 96 ±0. 34	

相对小麦籽粒和秸秆氮素含量，其相应的磷素含量均较低，但籽粒磷素含量还是显著高于秸秆（表3－7）。相对夏播玉米单作的后茬小麦，两种夏播间作玉米条带的小麦籽粒磷素含量均有所提高，但其对秸秆磷含量变化的影响并不相同，玉米与大豆间作的玉米条带后茬小麦秸秆磷素含量下降，而玉米与小豆间作的玉米条带后茬小麦秸秆磷素含量有所提高。相对夏播大豆单作的后茬小麦，夏播间作大豆条带的后茬小麦籽粒与秸秆磷素含量均下降，而夏播间作小豆条带的小麦籽粒与秸秆磷含量变化恰恰相反，均有所提高。不同夏播种植模式的后茬冬小麦整体磷素能力各不相同，夏播玉米单作、大豆单作、小豆单作、玉米‖大豆、玉米‖小豆的后茬小麦吸磷量分别为21.68kg/hm^2、35.50kg/hm^2、29.61kg/hm^2、23.90kg/hm^2、34.09kg/hm^2。

表3－7　不同夏播种植模式下的后茬冬小麦磷素吸收

夏播处理		后茬作物	籽粒磷含量（g/kg）	秸秆磷含量（g/kg）	作物吸磷量（kg/hm^2）
玉米		小麦	2.65±0.02	0.22±0.01	21.68±1.11
大豆		小麦	3.66±0.20	0.41±0.05	35.50±0.49
小豆		小麦	3.49±0.14	0.21±0.02	29.61±2.35
玉米‖大豆	玉米	小麦	3.04±0.05	0.13±0.01	23.90±1.04
	大豆		2.39±0.16	0.18±0.02	
玉米‖小豆	玉米	小麦	3.66±0.24	0.35±0.01	34.09±1.30
	小豆		4.34±0.09	0.41±0.07	

与小麦籽粒和秸秆的氮磷含量差异不同，小麦秸秆钾素含量远远高于其对应的籽粒钾素含量，并且不同夏播种植模式的后茬冬小麦籽粒和秸秆钾素含量均差异不大，分别为9.53～11.28g/kg和47.90～61.30g/kg（表3－8）。不同夏播种植模式的后茬小麦整体钾素吸收能力各有差异，以夏播玉米‖小豆的后茬小麦吸磷量最高，达到600.52kg/hm^2，夏播大豆单作和小豆单作的后茬小麦吸钾量分别为523.84kg/hm^{2}和490.98kg/hm^2，而夏播玉米单作种植和玉米‖大豆的小麦吸钾量差异不大，分别为473.06kg/hm^{2}和479.05kg/hm^2。

表3－8　不同夏播种植模式下的后茬冬小麦钾素吸收

夏播处理	后茬作物	籽粒钾含量（g/kg）	秸秆钾含量（g/kg）	作物吸钾量（kg/hm^2）
玉米	小麦	10.63±0.99	52.93±3.64	473.06±2.51

（续表）

夏播处理		后茬作物	籽粒钾含量（g/kg）	秸秆钾含量（g/kg）	作物吸钾量（kg/hm^2）
大豆		小麦	11.28 ±0.69	50.92 ±3.80	532.84 ±12.16
小豆		小麦	10.59 ±0.92	56.32 ±4.80	490.98 ±12.16
玉米‖大豆	玉米	小麦	10.31 ±0.49	47.90 ±1.50	479.05 ±2.70
	大豆		9.53 ±0.52	50.95 ±4.14	
玉米‖小豆	玉米	小麦	10.22 ±0.15	61.30 ±11.67	600.52 ±4.36
	小豆		10.78 ±0.97	58.15 ±3.83	

（三）不同夏播种植模式对后茬冬小麦土壤无机氮变化的影响

夏播作物收获后的土壤含水量远高于其对应的秋播作物收获后的土壤水分含量，除夏播间作玉米条带和夏播间作小豆条带的后茬土壤含水量分别在140～160cm、160～180cm处有较明显突增或突降以外，不同夏播种植模式的后茬小麦收获后各层土壤含水量变化趋势相同，均随土壤深度的增加土壤含水量不断增加（图3－5）。与夏播玉米单作的后茬小麦收获后土壤含水量相比，两种夏播间作模式玉米条带的后茬作物收获后土壤含水量变化趋势相同，各层水分含量均有一定程度的降低。相对夏播大豆单作的后茬小麦收获后土壤含水量，夏播间作大豆条带的后茬作物收获后各层土壤水分在0～140cm范围内呈下降趋势，但自140cm向下土壤水分含量呈现不断增加趋势。而相对夏播小豆单作的后茬小麦收获后土壤含水量，夏播间作小豆条带的后茬作物收获后土壤水分变化与夏播间作大豆条带后茬土壤相反。在0～80cm时，各层土壤含水量均呈增加趋势，但自80cm土层向下的各层土壤水分含量呈降低趋势，然而140～180cm却有一个突然增加的不规律现象。

整体上，不同夏播种植模式的后茬冬小麦收获后的土壤硝态氮含量均随土壤深度增加而有所降低，各种夏播种植模式后茬作物收获后的表层0～20cm土壤硝态氮含量均是各作物条带各层土壤中最高的，在10.94～18.52mg/kg，底层180～200cm土壤硝态氮含量均为各作物条带各层土壤中最低量，在5.26～7.27mg/kg（图3－6）。各作物条带各层土壤硝态氮的垂直变化特征表明，0～60cm范围内，小麦收获后的土壤硝态氮含量均有大幅度下降，但60cm以下至160cm的各土层硝态氮含量均维持在较稳定的状态，而160～200cm各土层的硝态氮含量呈现不同程度的降低趋势。

各夏播种植模式后茬作物收获后的土壤中，以夏播大豆单作后茬耕层土壤硝态氮含量最高，高出其他处理（包括各种作物条带）11.85%～75.41%；相对夏播玉米单作的后茬小麦收获后土壤，两种夏播间作玉米条带的后茬作物收获后0～40cm内各层土壤硝态氮含量均有明显提高，分别提高了30.63%、51.23%，而40cm以下各层土壤硝态氮含量均呈下降趋势。相对夏播大豆单作的后茬小麦收获后土壤，夏播间作大豆条带的后茬作物收获后的耕层土壤硝态氮含量下降了42.99%，但在20～200cm时，除140～160cm外，各层土壤硝态氮含量均有所提高；相对夏播小豆单作的后茬小麦收获后土壤，夏播间作小豆条带的后茬作物收获后的耕层土壤硝态氮含量无明显变化，而在20～200cm时除120～140cm、140～160cm两个层次外的各层土壤硝态氮含量均有一定程度的降低。

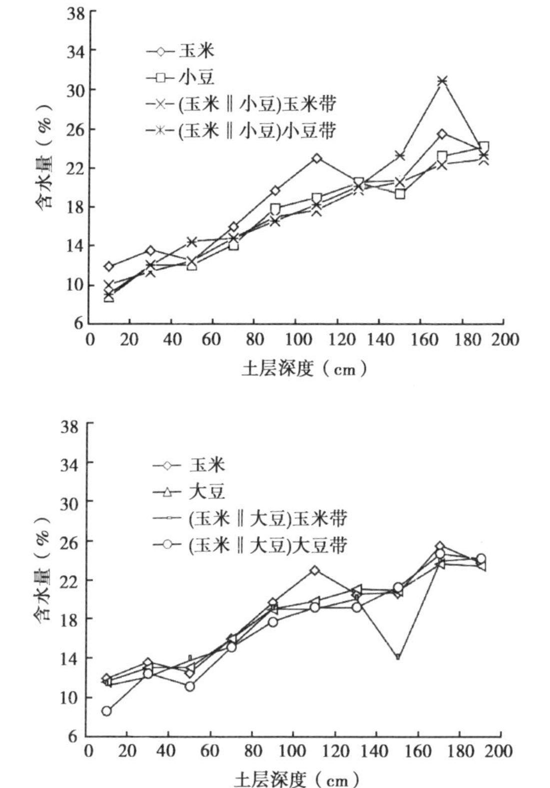

图3－5　不同夏播种植模式的后茬冬小麦土壤水分含量变化

不同夏播种植模式的后茬冬小麦收获后的土壤铵态氮含量远低于相应的

土壤硝态氮含量，无论何种夏播种植模式，其秋播小麦收获后 0 ~ 200cm 内的各土层铵态氮含量垂直变化均无明显的特征（图 3 -7）。各种处理的所有层次土壤铵态氮含量相对较低，含量为 0. 61 ~ 1. 59mg/kg，均值为 0. 93mg/kg。不同于各种夏播种植模式的后茬小麦土壤硝态氮含量，相应的表层土壤铵态氮含量并不是各土层中最高的，反而中下层土壤的铵态氮含量高于上层土壤。各种夏播处理导致小麦土壤铵态氮 0 ~ 60cm 时均呈现先下降后上升的趋势，然而 60cm 以下的各土层铵态氮含量时高时低，无固定变化规律，除夏播玉米单作和间作大豆条带个别土层外，其他夏播处理后茬小麦收获后的土壤铵态氮含量均在 1. 0mg/kg 以下。

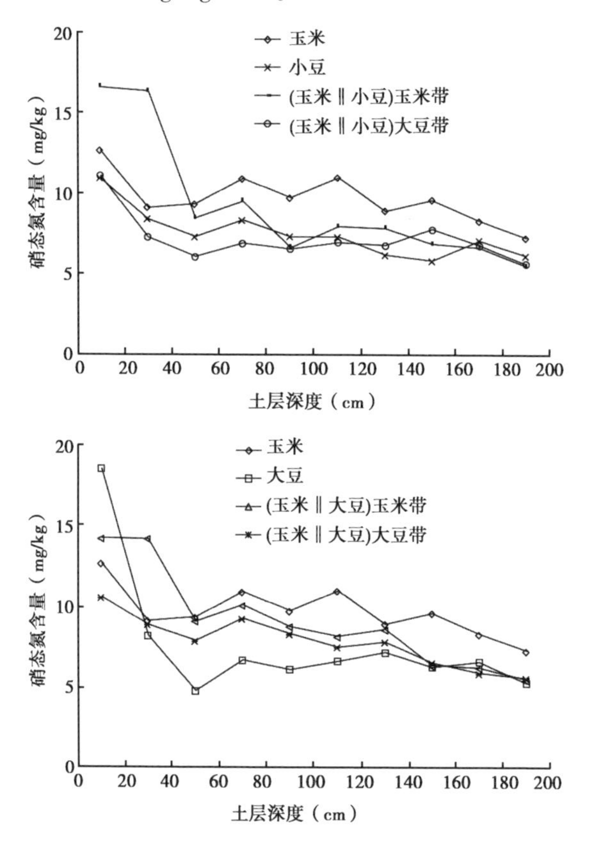

图 3 -6　不同夏播种植模式的后茬冬小麦土壤硝态氮含量变化

各夏播种植模式后茬作物收获后的土壤中，以夏播间作玉米条带后茬耕层土壤硝态氮含量最高，高出其他处理（包括各种作物条带）25% ~86%；相对夏播玉米单作的后茬小麦收获后土壤，夏播玉米与大豆间作模式下的玉米条带在0~60cm的各层土壤铵态氮均相对较高，但60~120cm的各层土壤铵态氮含量均相对较低，120cm以下各层土壤铵态氮含量互有高低；夏播玉米与小豆间作模式下的玉米条带除120~160cm两个土层外的其他各土层铵态氮含量均低于夏播玉米单作的后茬小麦收获后土壤。夏播玉米与大豆间作模式下的大豆条带的后茬小麦收获后各层土壤铵态氮均比夏播单作大豆高；相对夏播单作小豆，夏播玉米与小豆间作模式下的小豆条带的后茬小麦收获后土壤铵态氮在0~60cm的各层差异不大，60cm以下的各层土壤铵态氮含量各有高低而无特定的变化规律。

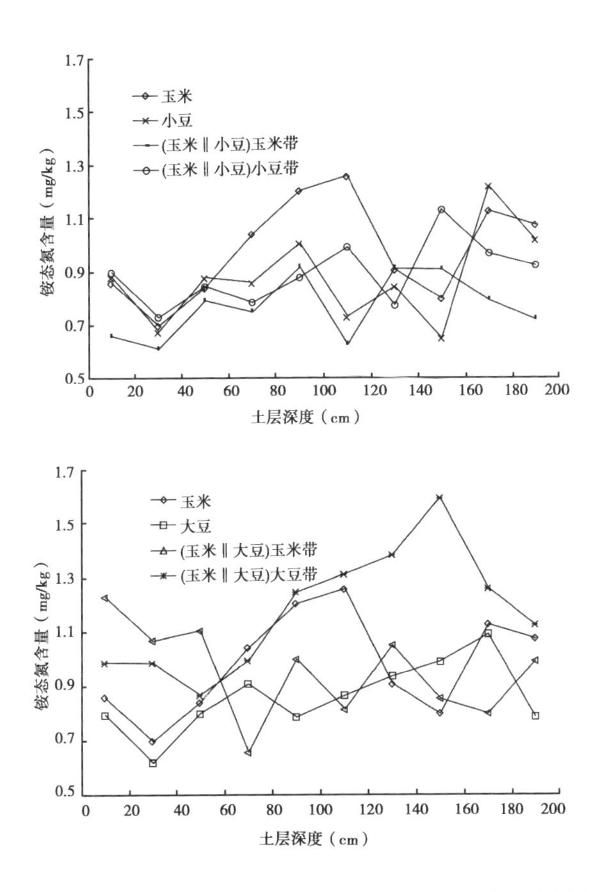

图3-7 不同夏播种植模式的后茬冬小麦土壤铵态氮含量变化

各种夏播种植模式下各作物条带后茬小麦收获后土壤硝态氮残留量均以表层土壤最高，并随土壤深度的增加而呈下降趋势，但夏播各个作物条带所导致的后茬作物收获后土壤硝态氮残留量变化各有不同（表3-9）。夏播大豆单作种植所造成的后茬作物收获表层（0～20cm）土壤硝态氮残留量是所有夏播模式中最高的，达到48.98kg/hm^2。除该土层之外，三种夏播单作作物种植中，夏播玉米单作种植导致其后茬小麦收获后0～200cm的各层土壤硝态氮量均显著高于其他两种夏播单作种植模式。除极0～40cm的个别土壤层次外，两种夏播间作种植模式导致其玉米条带的后茬作物收获后各层土壤硝态氮残留量均低于对应的夏播玉米单作。同时，两种夏播间作模式导致间作大豆条带和间作小豆条带的后茬作物收获后各层土壤硝态氮不但显著低于各种夏播玉米条带，还显著低于对应的夏播单作大豆和夏播单作小豆，其各层土壤硝态氮残留量均低于10kg/hm^2。

表3－9　不同夏播种植模式的后茬冬小麦各层（cm）土壤硝态氮累积量（kg/hm^2）

土层/夏播处理	玉米	大豆	红小豆	玉米‖大豆		玉米‖小豆	
				玉米条带	大豆条带	玉米条带	小豆条带
秋播	小麦	小麦	小麦	小麦	小麦	小麦	小麦
0～20	33.41±2.20	48.98±0.51	28.93±0.80	25.04±0.11	9.31±0.03	29.19±1.21	9.78±1.58
20～40	24.18±0.21	21.71±1.01	22.29±1.26	25.12±0.51	7.86±1.42	28.88±3.47	6.44±1.13
40～60	24.76±0.31	12.65±1.03	19.37±0.58	16.04±0.83	6.95±1.52	14.96±3.03	5.36±0.56
60～80	29.52±2.07	18.01±0.57	22.55±1.18	18.17±0.60	8.33±0.83	17.14±2.10	6.22±0.30
80～100	27.57±2.26	17.30±1.69	20.76±0.54	16.56±0.32	7.85±0.06	12.56±0.69	6.21±0.21
100～120	29.21±1.86	17.60±1.10	19.39±1.03	14.42±0.19	6.63±1.43	14.07±0.69	6.18±1.37
120～140	23.06±0.87	18.49±0.68	16.05±0.67	14.79±0.35	6.74±0.15	13.53±0.87	5.86±1.45
140～160	25.77±0.80	16.80±0.50	15.70±0.64	11.38±0.67	5.85±0.18	12.29±3.51	6.97±0.97
160～180	22.33±0.55	17.67±0.16	19.06±0.30	11.13±0.12	5.26±1.87	11.91±1.20	6.08±0.76
180～200	20.56±1.39	14.89±0.66	17.37±1.04	10.32±0.47	5.25±0.59	10.41±1.36	5.33±0.76

整体上，各种夏播种植模式的后茬作物收获后土壤0～200cm硝态氮残留累积量以夏播玉米单作种植最高，其显著高于其他夏播种植模式（$P<0.05$）（表3－10）。夏播大豆单作与夏播小豆单作的后茬作物收获后200cm以内的土壤硝态氮残留累积量均低于含玉米的夏播种植模式，且差异不显

著，分别为204.10kg/hm^{2}和201.47kg/hm^2。两种夏播间作处理的秋播冬小麦收获后0～200cm整体土壤硝态氮残留量无显著差异，分别为232.99kg/hm^2、229.38kg/hm^2，但均显著低于夏播玉米单作（260.36kg/hm^2），这也说明在降低夏播种植模式后茬作物收获后土壤硝态氮残留量上，夏播间作处理相对传统的夏播玉米单作有明显的积极作用。

表3－10　不同夏播种植模式的后茬冬小麦0～200cm土壤硝态氮累积量

夏播处理		后茬作物	土壤（0～200cm）	硝态氮残留（kg/hm^2）
玉米		小麦	260.36	260.36 a
大豆		小麦	204.10	204.10 c
小豆		小麦	201.47	201.47 c
玉米‖大豆	玉米带	小麦	162.97	232.99 b
	大豆带	小麦	70.02	
玉米‖小豆	玉米带	小麦	164.95	229.38 b
	小豆带	小麦	64.43	

五、讨论

（一）不同夏播种植模式的产量及经济效益

冬小麦—夏玉米长期单一化的种植模式，尤其是夏季长期播种玉米，降低了农田物种和生境多样性，造成农业生态系统整体抗逆自我调节功能的弱化，还带来了土壤质量退化和土地光热资源综合利用率低等问题，使农田产量、经济和环境效益均受到严重影响（尤民生，2004）。一般情况下，间作体系中单独的玉米或大豆籽粒产量、干物质积累和经济产值均分别显著低于单作玉米和单作大豆，但合理密度种植的禾豆科作物间作整体经济效益要显著高于传统的玉米或大豆单作种植（朱元刚等，2015）。本研究也表明，玉米‖大豆和玉米‖小豆两种夏播种植的经济效益显著优于单作种植（$P<0.05$），分别达到19 049元/hm^{2}和18 995元/hm^2，尤以玉米‖大豆经济效益最高。土地当量比以作物产量为参数，以作物单作一熟为对照，客观地反映不同种植方式的土地利用效率，是衡量间作种植优势的重要指标，土地当量比大，则土地利用效率高，反之则低（刘玉华等，2006）。本研究中，无论是玉米‖大豆还是玉米‖小豆，其土地当量比均大于1，说明间作种植模式

在提高土地利用率上作用明显；相对相同可比面积上的单作作物产量，各间作作物均表现出一定的增产趋势，增产率均在27%以上。

在间作体系中，豆科作物是发挥生物多样性优势、提高资源利用效率最常用的作物（叶优良，2008），与单作种植相比，玉米豆科作物间作群体内玉米的产量增加，而豆类的产量降低或不变（Lesoing，1999；李志贤，2010）；而本研究表明，间作种植条件下豆类产量相对可比面积上单作并未降低，却有明显的提高，这可能是由于本研究间作种植模式采用按条带分别施肥的施肥方式，因为氮肥过量会导致作物产量降低（林琪，2004；沙海宁，2010）；而按条带按作物需要分别施肥避免了氮肥过量可能造成的危害，并充分利用了作物高矮相间改善作物群体的光、热、水、肥等生态条件，增强了作物抗逆性，促进了作物生长，使间作条件下的豆类表现出一定的增产现象。

（二）不同夏播种植模式的养分吸收

为获得更高的产量或经济效益，在农业生产实践中，禾豆科间作中一般均以禾本科作物为主栽作物，而间作种植可显著提高主栽作物地上部植株及各器官的含氮量（李文学，2001a；陈远学，2007），但随着氮肥用量的增加，间作优势趋于减弱。本研究表明，相对单作种植模式，间作种植条件下玉米无论是籽粒还是秸秆氮含量均有不同程度的降低，而间作大豆、间作小豆的籽粒氮含量无明显变化，秸秆氮含量分别降低了26.41%、27.33%，这与上述研究结果（李文学，2001a；陈远学，2007）表现出来的间作作物氮含量增加有所不同，可能主要与本研究以按作物条带分别施氮的施肥方式有关，在以后的研究中我们将对此进行进一步验证。玉米‖大豆虽然具有明显的增产优势，但在模式整体吸氮量上与玉米单作吸氮量差异并不显著。

有研究表明，间作优势主要体现在作物养分吸收量的增加，但间作氮磷钾的利用效率较单作有所降低（李隆等，2000），但这与本研究结果有所不同。本研究结果显示，相对单作，间作种植提高了间作玉米的磷含量，降低了间作豆科作物的磷含量，这也与已有部分研究结果相似：间作根系互作提高了玉米各器官与地上部氮、磷累积量，而大豆各器官及地上部氮、磷累积量则表现出了根系互作劣势（张雷昌等，2016）。本研究以玉米‖大豆模式吸磷量最高，达到30.68kg/hm^2，高出其他种植模式4.18%~99.74%，然而相对单作种植，间作种植模式对作物钾含量及吸钾量影响并不明显，反而使间作玉米钾含量出现一定程度的降低。

（三）不同夏播种植模式的土壤硝态氮

在相同的土壤及环境条件下，旱地土壤原始水分相对稳定，而本研究中，相对单作种植土壤水分，在一定范围内，各间作作物条带各层土壤含水量均呈下降趋势，超出该范围，间作条带水分含量呈上升趋势。这可能有两方面原因：一是间作相对单作土地覆盖不紧密，作物高矮相间，有利于土壤水分蒸发及作物蒸腾；二是间作种植模式根系交互混合，在作物一定范围内提高了对土壤水分的吸收；尤其玉米‖大豆在0～120cm范围内，间作玉米条带各层土壤水分下降程度较玉米‖小豆中玉米条带十分明显，间作大豆条带相对间作小豆条带水分含量下降程度也较大；土壤水分的这种变化也从一定程度上也说明，玉米‖大豆的对土壤水分的吸收能力高于玉米‖小豆。叶优良（2003）研究也发现，不同豆科作物与玉米间作，相对单作，各间作条带土壤含水量变化不同，但通过计算水分利用效率发现，蚕豆/玉米、豌豆/玉米间作相对于单作水分利用效率均有增加。

冬小麦—夏玉米轮作是华北平原主要轮作方式，但农户在两季作物上都投入大量氮肥，造成氮肥利用率远远低于全国平均水平（巨晓棠等，2002），同时土壤剖面中累积的大量硝态氮，在冬小麦季的过量灌溉和夏玉米季的强降雨过程中，容易引起严重的硝态氮淋洗，直接造成地下水硝酸盐富集，严重威胁水环境（巨晓棠等，2003；寇长林等，2004；钟茜等，2006）。利用豆科作物的固氮能力，在小麦玉米轮作中引入豆科作物进行间作种植，可以在一定程度上降低传统的小麦玉米轮作种植造成的环境问题。间作体系下的禾本科和豆科作物可以互补利用氮素资源，禾本科作物大量吸收利用土壤中各种形态的氮，从而刺激豆科作物固氮。同时，间作条件下的禾本科作物根系还可以分泌特种酸类（左元梅等，2003）改善豆科作物Fe等难溶性元素营养，从而提高豆科作物生物固氮，减少与禾本科作物争夺土壤氮素。本研究中，相对各作物单作，两种间作模式中玉米条带硝态氮含量均有所降低，而间作大豆条带、间作小豆条带硝态氮含量却有明显增加，这可能是间作条带施肥的结果：间作模式下玉米吸收使土壤中氮素减少，从而玉米条带硝态氮含量有所降低，而间作豆科条带化肥氮施用较少，刺激豆科作物固氮，减少对化肥氮的依赖，同时豆科作物通过残留落叶及根系将部分氮素归还土壤，从而导致间作大豆条带、间作小豆条带硝态氮含量增加。

在禾豆科间作体系中，禾本科植物可以吸收利用更多的土壤氮而降低土壤中的氮素浓度，一方面大量氮素吸收促进了禾本科作物增产，另一方面土壤氮素降低可以激发豆科作物结瘤固氮（李隆，2016），这一现象也可以间接降低间作系统的氮肥施用，从而减少作物收获后的土壤氮素残留。本研究结果显示，玉米‖大豆和玉米‖小豆两种夏播模式的土层硝态氮残留量都显著低于传统的玉米单作种植，分别降低了 56.66kg/hm^2、37.97kg/hm^2，尤其以玉米‖大豆种植模式效果最为明显。这主要包括两方面的原因，一方面可能是由于间作种植模式下条带分别施肥的实际施氮量相对减少，另一方面可能在于禾豆科间作促进了禾本科作物大量吸收氮素并使间作系统氮素利用率显著提高，从而使得作物收获后的土壤氮素残留相对降低（Li et al.，2005；Whitmore et al.，2007）。此外，虽然大豆单作、小豆单作在夏播季的土层硝态氮残留都显著低于其他种植模式，但这两种种植模式的经济效益和作物整体吸氮量都远远低于其他种植模式，因此该地区不适宜进行大豆单作和小豆单作种植。

（四）不同夏播种植模式的后茬效应

间作种植模式可以改善土壤肥力，为后茬作物生产提供养分基础，因此，间作种植的后茬作物产量极显著高于单纯的连做种植，对后茬作物具有明显的增产作用（王旭等，2009），也可以降低污染土壤后茬作物进入食物链中的风险（赵冰等，2011）；但也有研究表明，间作种植氮肥后效并不明显（Sampaio et al.，2004）。本研究表明，夏播间作种植虽然没有显著提高后茬作物产量及生物量，但也并未降低后茬冬小麦的产量及生物量；夏播玉米‖大豆种植的后茬小麦籽粒产量和秸秆产量相对其他夏播处理有所提高，但并不显著。相对夏播单作种植，夏播间作种植对后茬冬小麦吸氮量的影响也不显著，夏播玉米‖大豆种植的后茬冬小麦吸氮量仅为 184.09kg/hm^2，与其他夏播处理相差仅 0.63～5.29kg/hm^2，并且夏播间作种植对后茬冬小麦磷、钾含量及吸收也没有显著的积极影响，甚至夏播玉米‖大豆种植的后茬冬小麦吸磷量和吸钾量显著低于夏播单作种植。这与部分已有研究结果不同（王旭等，2009；Jeranyama et al，2000），究其缘由，这主要与本研究中的后茬作物种植期间肥料用量有关。本研究以冬小麦在当地的优化施肥量为标准施用，从而一定程度上掩盖了不同夏播种植模式对后茬作物产量和生物量、吸氮量、吸磷量以及吸钾量的影响。

与农田各层土壤含水量变化规律相似（刘月兰等，2014），各种夏播种植模式的后茬小麦收获后土壤含水量均随土壤深度的增加而增加，且变化趋势基本相似。相对夏播玉米单作，两种夏播间作模式玉米条带的后茬土壤水分含量均有所降低，夏播间作大豆条带的后茬各层土壤水分相对夏播大豆单作呈先下降而后增加的趋势，但夏播间作小豆条带的后茬土壤水分相对夏播小豆单作呈先增加而后降低的趋势，这也说明不同夏播间作模式除了影响当季作物水分利用外（任媛媛等，2015），可能还对后茬土壤水分含量变化有不同影响。

夏播季豆科作物与禾本科作物间作时，由于禾本科作物对土壤有效氮吸收的增强从而可以降低当季土壤硝酸盐残留（谭德水等，2014；Mayer et al，2003），并且由于豆科作物的引入，间作种植导致氮素在后茬作物上也存在一定的残效（褚贵新，2003）。本研究中，不同夏播种植模式的后茬土壤0～200cm硝态氮残留累积量以夏播玉米单作种植最高，显著高于两种夏播间作种植，但两种夏播间作处理的后茬土壤硝态氮残留无显著差异，这也说明相对传统的夏播玉米单作，夏播间作种植在降低后茬土壤硝态氮残留量上有明显的促进作用。此外，虽然夏播小豆单作与夏播大豆单作的后茬土壤硝态氮残留差别不大，但这两种夏播种植模式相对其他夏播模式在后茬小麦产量及养分吸收并无优势，尤其是结合夏播季产量和环境效应研究结果，夏播大豆单作、夏播小豆单作并不是最好的夏播种植模式。

六、结论

1. 夏播玉米‖大豆种植模式的经济效益最高，达到19 049元/hm^2，高出玉米单作2 054元/hm^2；其土地当量比大于1，间作优势明显，增产率达27%。

2. 夏播玉米‖大豆模式的整体作物吸氮能力最强，但与夏播玉米单作模式差异不显著，其夏播季的吸氮量达到276. 67kg/hm^2，高出其他种植模式玉米单作6. 17～124. 56kg/hm^2。夏播玉米‖大豆模式的作物吸磷能力与夏播玉米‖大豆模式的整体吸磷能力差异不显著，但显著高于其他夏播种植模式。夏播玉米‖小豆模式的作物吸钾能力与夏播玉米‖大豆模式和夏播玉米单作模式的整体吸钾能力差异也均不显著。

3. 相对传统的夏播玉米单作种植，玉米‖大豆和玉米‖小豆两种夏播间作种植模式均可以显著降低夏茬作物收获后的土壤（0～200cm）硝态氮残留量。玉米单作种植0～200cm土层硝态氮残留量达到192. 25kg/hm^2，分别高出玉米‖大豆、玉米‖小豆间作种植56. 66、37. 97kg/hm^2；大豆单作种植的土层（0～200cm）硝态氮残留量最低，仅为94. 58kg/hm^2，但与小豆单作种植的土壤硝态氮残留差异不显著。

4. 夏播种植模式对后茬作物产量、生物量和吸氮量的影响均不显著，虽然夏播间作种植没有显著提高后茬作物产量及生物量、吸氮量，但也并未降低后茬冬小麦的产量及生物量、吸氮量。同时，夏播玉米‖大豆的后茬小麦收获后（0~200cm）土壤硝态氮残留相对夏播玉米单作降低了10.51%。

参考文献

陈远学. 2007. 间作系统中种间相互作用与氮素利用、病害控制及产量形成的关系研究［D］. 北京：中国农业大学.

褚贵新. 2003. 旱作水稻花生间作系统的氮素供应特征及产量优势［D］. 南京：南京农业大学.

巨晓棠，刘学军，邹国元，等. 2002. 冬小麦/夏玉米轮作体系中氮素的损失途径分析［J］. 中国农业科学，35（12）：1 493-1 499.

巨晓棠，张福锁. 2003. 中国北方土壤硝态氮的累积及其对环境的影响［J］. 生态环境，12（1）：24-28.

寇长林，巨晓棠，高强，等. 2004. 两种农作体系施肥对土壤质量的影响［J］. 生态学报，24（11）：2 548-2 556.

李隆，李晓林，张福锁，等. 2000. 小麦/大豆间作条件下作物养分吸收利用对间作优势的贡献［J］. 植物营养与肥料学报，6（2）：140-146.

李隆. 2016. 间套作强化农田生态系统服务功能的研究进展与应用展望［J］. 中国农业生态学报，24（4）：403-415.

李文学. 2001a. 不同施肥处理与间作形式对带田中玉米产量及氮营养状况的影响［J］. 中国农业科技导报，3（3）：36-39.

李文学. 2001b. 小麦/玉米/小麦间作系统中氮、磷吸收利用特点及其环境效应［D］. 北京：中国农业大学.

李志贤，王建武，杨文亭，等. 2010. 广东省甜玉米/大豆间作模式的效益分析［J］. 中国生态农业学报，18（3）：627-631.

林琪，侯立白，韩伟，等. 2004. 不同肥力土壤下施氮量对小麦籽粒和产量品质的影响［J］. 植物营养与肥料学报，10（6）：561-567.

林青慧. 2004. 黄浦江上游水源保护区不同农田种植模式的环境效应研究［D］. 北京：中国农业科学院.

刘均霞.2008. 玉米/大豆间作条件下作物根际养分高效利用机理研究[D].贵州：贵州大学.

刘玉华，张立峰.2006. 不同种植方式土地利用效率的定量评价[J].中国农业科学，39（1）：57－60.

刘月兰，于振文，张永丽，等.2014. 拔节期和开花期不同土层深度测墒补灌对北方小麦旗叶叶绿体超微结构和荧光特性的影响[J].中国农业科学，47（14）：2 751－2 761.

任媛媛，王志梁，王小林，等.2015. 黄土塬区玉米大豆不同间作方式对产量和经济收益的影响及其机制[J].生态学报，35（12）：4 168－4 177.

沙海宁，孙权，李建设，等.2010. 不同施氮量对设施番茄生长与产量的影响及最佳用量[J].西北农业学报，19（3）：104－108.

谭德水，江丽华，谭淑樱，等.2014. 基于减少土壤硝态氮淋失的作物搭配种植模式研究进展[J].中国生态农业学报，22（2）：136－142.

王旭，曾昭海，胡跃高，等.2009. 燕麦间作箭筈豌豆效应对后作产量的影响[J].草地学报（1）：63－67.

许仙菊.2007. 上海郊区不同作物及轮作农田氮磷流失风险研究[D].北京：中国农业科学院.

叶优良，李隆，孙建好.2008a. 3 种豆科作物与玉米间作对土壤硝态氮累积和分布的影响[J].中国生态农业学报，16（4）：818－823.

叶优良，李隆，孙建好，等.2008. 3 种豆科作物与玉米间作对土壤硝态氮累积和分布的影响[J].中国生态农业学报，16（4）：818－823.

叶优良.2003. 间作对氮素和水分利用的影响[D].北京：中国农业大学.

尤民生，刘雨芳，侯有明.2004. 农田生物多样性与害虫综合治理[J].生态学报，24（1）：117－122.

张雷昌，汤利，董艳，等.2016. 根系互作对间作玉米大豆氮和磷吸收利用的影响[J].南京农业大学学报，39（4）：611－618.

张伟，陈源泉，隋鹏，等.2009. 华北平原粮田替代型复合种植模式生态经济比较研究[J].中国农学通报，25（08）：241－245.

赵冰，沈丽波，程苗苗，等.2011. 麦季间作伴矿景天对不同土壤小麦—水稻生长及锌镉吸收性的影响[J].应用生态学报（10）：2 725－2 731.

钟茜，巨晓棠，张福锁.2006. 华北平原冬小麦/夏玉米轮作体系对氮素环境承受力分析［J］. 植物营养与肥料学报，12（3）：285－293.

朱元刚，高凤菊，曹鹏鹏，等. 2015，种植密度对玉米－大豆间作群体产量和经济产值的影响［J］. 应用生态学报，26（6）：1 751－1 758.

左元梅，张福锁. 2003. 不同间作组合和间作方式对花生铁营养状况的影响［J］. 中国农业科学，36：300－306.

Jeranyama P, Hesterman O B, Waddington S R, et al. 2000. Relay－intercropping of sunnhemp and cowpea into a smallholder maize system in Zimbabwe. Agronomy Journal, 92（2）：239－244.

Lesoing G W, Francis C A. 1999. Strip intercropping effects on yield and yield components of corn, grain sorghum, and soybean . Agronomy Journal, 91：807－813.

Li W X, Li L, Sun J H, et al. 2005. Effects of intercropping and nitrogen application on nitrate present in the profile of an Orthic Anthrosol in Northwest China［J］. Agriculture, Ecosystems & Environment, 105（3）：483－491.

Mayer J, Buegger F, Jensen E S, et al. 2003. Estimating N rhizode－position of grain legumes using a ^{15}N in situ stem labelling method［J］. Soil Biology and Biochemistry, 35（1）：21－28.

Nevens F, Reheul D. 2001. Crop rotation versus monoculture; yield, N yield and ear fraction of silage maize at different levels of mineral N fertilization［J］. Netherlands Journal of Agricultural Science, 49：405－442.

Owens L, Edwards W M, Shipitalo M J. 1995. Nitrate leaching through lysimeters in a corn－soybean rotation［J］. Soil Science Society of America Journal, 59：902－907.

Sampaio, Tiessen, Antonino, et al. 2004. Residual N and P fertilizer effect and fertilizer recovery on intercropped and sole－cropped corn and bean in semiarid northeast Brazil［J］. Nutrient Cycling in Agroecosystem, 70：1－11.

Whitmore A P, Schrder J J. 2007. Intercropping reduces nitrate leaching from under field crops without loss of yield：A modelling study［J］. European Journal of Agronomy, 27（1）：81－88.

Zhang F S, Li L. 2003. Using competitive and facilitating interactions in intercropping systems enhances crop productivity and nutrients use efficiency［J］. Plant and Soil. , 248：305－312.

第四章　玉米与大豆最佳间作种植配比研究

间作种植模式由于其整体经济效益较高、病虫害较少、生态效益较好而被应用于世界各地的粮食或纤维作物生产中（Thierfelder et al.，2012；Xia et al.，2013；Midega et al.，2014；Wu and Wu，2014）。一般来讲，间作种植模式包括同一时间种植在同一农田上的两种及以上作物，但以其中一种作物为主栽作物。在农业生产实践中，由于过多的作物同时种植收获将导致较高的劳动成本，因此两种作物组成的间作体系是最常见的（Caviglia et al.，2011）。间作系统一般至多包括三个阶段：①一种作物首先生长较短的时间；②两种作物共同生长较长的时间（超过任一作物生育期的一半）；③另一种作物生长较短的时间（Zhang et al.，2008），其中第二阶段是必需的，甚至可以只存在这一阶段，并且这一阶段也是形成间作优势的主要阶段。间作种植之所以有优势就是由于其促进了作物在时间和空间上互补利用各种资源，并且其地上部和地下部在间作优势形成中均发挥了重要作用（Wu et al.，2012）。

禾谷类粮食作物与豆科作物间作是优化氮素管理的有效种植模式，该模式下禾谷类作物生长所需要的大量氮素可以通过豆科作物的根瘤菌固氮效应得到补充（Corre－Hellou et al.，2006），这两种作物对氮素的互补利用优势对缺氮土壤和过量施肥土壤的开发利用极其重要。然而，间作种植也存在一定的种间竞争并对间作农业生产产生消极影响（Li et al.，2010），并且不合理的农田管理措施也会抑制间作种植优势（Zhang et al.，2008）。因此，只有建立起合理的种间竞争和种间促进关系才能促进作物生产和养分利用（Zhang and Li，2003；Zuo and Zhang，2008；Betencourt et al.，2012）。

间作种植模式可以作为当前中国应对人口增长和耕地锐减所导致粮食问题的有效方法之一（Zhang and Li，2003），而所有的间作种植方式中，条带间作种植由于其简便的农田播种和管理而优势明显（Lesoing and Francis，1999）。已有研究表明，合理间作可以加强种间交互作用，并促进养分和光热等资源高效利用从而提高作物产量（Li et al.，2011；Jannoura et al.，2014；Lv et al.，2014；Mao et al.，2014；Paltridge et al.，2014）。然而，大多数研究集中在不同的间作物种筛选上（Li et al.，2010；Li et al.，2011），而针对某一特定间作系统的合理条带配比研究较少。在第三章确定的最佳间作作物配套方式（玉米大豆间作）基础上，本章将针对不同玉米大豆间作的条带配比从玉米光合特性、产量、吸氮量、土壤硝态氮残留等方面进行阐述。

一、不同条带配比间作种植模式的玉米光合特性

（一）不同时期玉米净光合速率

净光合速率大小可以反映出作物叶片同化 CO_2的速度，受到气孔导度、胞间 CO_2浓度和蒸腾速率等各种因素的影响，从抽雄期到灌浆期，各处理各行玉米净光合速率均呈下降趋势。相对玉米单作，间作种植的各生育时期各行玉米净光合速率变化趋势相同，且边行优势明显，即距离边 1 行越远的玉米行净光合速率越低（表 4－1）。

抽雄期，相对单作玉米，玉米‖大豆 2：6 种植模式的玉米净光合速率无显著性变化（$P<0.05$）；玉米‖大豆 4：6 种植模式的边 1 行玉米净光合速率提高了 9.08%，而边 2 行玉米净光合速率无显著性变化（$P<0.05$）；玉米‖大豆 6：6 种植模式的边 1 行玉米净光合速率提高了 9.08%，而边 2 行和边 3 行的玉米净光合速率无显著性变化（$P<0.05$）。灌浆期，各处理各行玉米净光合速率变化趋势与抽雄期大致相同，相对玉米单作，玉米‖大豆 2：6 种植模式的玉米净光合速率无显著性变化（$P<0.05$），玉米‖大豆 4：6 种植模式的边 1 行和玉米‖大豆 6：6 种植模式的边 1 行玉米净光合速率均有不同程度的提高（$P<0.05$），但玉米‖大豆 4：6 种植模式的边 1 行、玉米‖大豆 6：6 种植模式的边 2 行和边 3 行玉米净光合速率无显著性变化（$P<0.05$）。

无论抽雄期还是灌浆期，各间作种植模式中，玉米‖大豆 4：6 和玉米‖大豆 6：6 的边 1 行玉米净光合速率之间差异不显著，均显著高于其他各处理各行（$P<0.05$）。这两个生育时期，玉米‖大豆 2：6 种植模式的玉米净光合速率均显著低于玉米‖大豆 4：6、玉米‖大豆 6：6 种植模式的边 1 行，而玉米‖大豆 4：6 种植模式的边 2 行玉米净光合速率与 6：6 玉米‖大豆种植模式的边 2 行和边 3 行无显著差异，且已与玉米单作没有差异。

表 4－1　不同处理各生育时期玉米净光合速率（P_n）

（$mmol/m^2 \cdot s$）

生育期	处理/行	边 1 行	边 2 行	边 3 行
抽雄期	玉米单作		39.22 ±1.89 c	
	玉米‖大豆 2∶6	40.17 ±1.16 bc	—	—
	玉米‖大豆 4∶6	42.78 ±1.54 a	39.34 ±1.88 c	—
	玉米‖大豆 6∶6	41.46 ±1.43 ab	39.65 ±2.06 c	39.01 ±1.87 c
灌浆期	玉米单作		38.53 ±0.98 c	
	玉米‖大豆 2∶6	39.19 ±0.95 bc	—	—
	玉米‖大豆 4∶6	40.58 ±1.05 ab	38.67 ±1.64 c	—
	玉米‖大豆 6∶6	41.16 ±0.43 a	38.69 ±2.46 c	38.15 ±2.97 c

注：①玉米‖大豆 2∶6、玉米‖大豆 4∶6、玉米‖大豆 6∶6 分别表示 2 行、4 行、6 行玉米分别与 6 行大豆间作，下同；②字母代表各处理在 $P<0.05$ 水平上的差异显著性，下同

（二）不同时期玉米气孔导度

不同种植模式的各行玉米气孔导度变化与净光合速率变化趋势一致，从抽雄期到灌浆期呈下降趋势；相对玉米单作，各时期间作种植模式均呈现一定的边行优势，距离边 1 行越远的玉米气孔导度越低（表 4－2）。

抽雄期，与玉米单作相比，玉米‖大豆 2∶6 种植模式的玉米气孔导度无显著性提高（$P<0.05$），玉米‖大豆 4∶6 种植模式的边 1 行玉米气孔导度显著性提高（0.07 $mmol/m^2 \cdot s$），而其边 2 行玉米气孔导度无显著性变化（$P<0.05$），玉米‖大豆 6∶6 种植模式的边 1 行和边 2 行玉米气孔导度变化趋势与玉米‖大豆 4∶6 相同，并且其边 3 行玉米气孔导度与玉米单作也无显著差异（$P<0.05$）。灌浆期，与玉米单作相比，玉米‖大豆 2∶6、玉米‖大豆 4∶6 和玉米‖大豆 6∶6 种植模式的边 1 行玉米气孔导度均显著性提高（0.02 $mmol/m^2 \cdot s$），但玉米‖大豆 4∶6 种植模式边 2 行、玉米‖大豆 6∶6 种植模式的边 2 行和边 3 行玉米气孔导度与玉米单作无显著差异。

抽雄期的各间作种植模式中，玉米‖大豆 2∶6 种植模式的玉米气孔导度显著低于玉米‖大豆 4∶6 和玉米‖大豆 6∶6 种植模式的边 1 行，且各间作种植模式的边 2 行、边 3 行之间及其与玉米单作均无显著差异。相似地，灌浆期玉米‖大豆 2∶6 种植模式的玉米气孔导度显著高于其他各处理各行（$P<0.05$），且与玉米‖大豆 4∶6 和玉米‖大豆 6∶6 种植模式的边 1 行玉米气孔导度差异不显著（$P<0.05$），各间作种植模式的边 1 行玉米气孔导度均有显

著提高，而间作种植的边 2 行和边 3 行与玉米单作相比无显著性变化。

表 4－2　不同处理各生育时期玉米气孔导度（G_s）

（$mmol/m^2 \cdot s$）

生育期	处理/行	边 1 行	边 2 行	边 3 行
抽雄期	玉米单作		0.27 ±0.03 b	
	玉米‖大豆 2∶6	0.29 ±0.03 b	—	—
	玉米‖大豆 4∶6	0.34 ±0.05 a	0.28 ±0.07 b	—
	玉米‖大豆 6∶6	0.34 ±0.05 a	0.28 ±0.04 b	0.25 ±0.04 b
灌浆期	玉米单作		0.2362 ±0.03 cd	
	玉米‖大豆 2∶6	0.265 4 ±0.04 a	—	—
	玉米‖大豆 4∶6	0.257 7 ±0.05 abc	0.230 0 ±0.02 d	—
	玉米‖大豆 6∶6	0.260 8 ±0.03 ab	0.239 2 ±0.04 bcd	0.217 7 ±0.03 d

（三）不同时期玉米胞间 CO_2 浓度

从抽雄期到灌浆期，玉米叶片的胞间 CO_2 浓度呈下降趋势，并且相应各处理各行均大幅度下降；相对玉米单作，各时期间作种植模式呈现出一定的边行优势，整体上，距离边 1 行越远的玉米胞间 CO_2 浓度越低（表 4－3）。

抽雄期，与玉米单作相比，玉米‖大豆 2∶6 种植模式的玉米胞间 CO_2 浓度无显著变化（$P<0.05$），玉米‖大豆 4∶6 种植模式的边 1 行玉米胞间 CO_2 浓度显著提高了 3.99mmol/mol，而其边 2 行玉米胞间 CO_2 浓度无显著性变化（$P<0.05$），玉米‖大豆 6∶6 种植模式的各行玉米胞间 CO_2 浓度之间无显著变化且与玉米单作无显著差异。灌浆期，与玉米单作相比，玉米‖大豆 2∶6、玉米‖大豆 4∶6 和玉米‖大豆 6∶6 种植模式的边 1 行玉米胞间 CO_2 浓度均有显著提高，分别提高了 5.62mmol/mol、16.01mmol/mol、20.25mmol/mol，而玉米‖大豆 4∶6 和玉米‖大豆 6∶6 种植模式的边 2 行玉米胞间 CO_2 浓度之间无显著差异，但玉米‖大豆 6∶6 种植模式的边 3 行玉米胞间 CO_2 浓度显著低于玉米单作（$P<0.05$）。

抽雄期的各间作种植模式中，玉米‖大豆 4∶6 和玉米‖大豆 2∶6 种植模式的边 1 行玉米胞间 CO_2 浓度差异不显著，其中玉米‖大豆 4∶6 种植模式的边 1 行玉米胞间 CO_2 浓度显著高于其他各处理各行（$P<0.05$），玉米‖大豆 6∶6 种植模式的边 1 行、边 2 行和边 3 行的玉米胞间 CO_2 浓度之

间无显著变化且与玉米单作无显著差异。灌浆期，玉米‖大豆6：6种植模式的边1行玉米胞间CO_2浓度显著高于其他各处理各行（$P<0.05$），各间作种植模式从边2行开始其玉米胞间CO_2浓度开始与玉米单作几乎无差异。

表4－3　不同处理各生育时期玉米胞间CO_2浓度（C_i）

（mmol/mol）

生育期	处理/行	边1行	边2行	边3行
抽雄期	玉米单作		91.47±0.50 b	
	玉米‖大豆2：6	92.31±2.77 ab	—	—
	玉米‖大豆4：6	95.46±1.19 a	91.64±4.48 b	—
	玉米‖大豆6：6	89.13±0.92 b	90.38±1.56 b	88.42±5.87 b
灌浆期	玉米单作		51.58±2.42 d	
	玉米‖大豆2：6	57.23±1.64 c	—	—
	玉米‖大豆4：6	67.54±2.19 b	48.99±3.38 de	—
	玉米‖大豆6：6	71.83±0.68 a	49.47±2.64 de	47.16±1.68 e

（四）不同时期玉米蒸腾速率

从抽雄期到灌浆期，玉米叶片的蒸腾速率呈下降趋势，并且相应各处理各行均有大幅度下降；相对玉米单作，两个玉米生育时期中间作种植模式均呈现出一定的边行优势，距离边1行越远的玉米蒸腾速率越低（表4－4）。

表4－4　不同处理各生育时期玉米蒸腾速率（T_r）

（mol/m^2·s）

生育期	处理/行	边1行	边2行	边3行
抽雄期	玉米单作		9.17±0.70 de	
	玉米‖大豆2：6	11.17±0.99 ab	—	—
	玉米‖大豆4：6	11.51±0.99 a	9.94±0.67 cd	—
	玉米‖大豆6：6	11.89±0.03 a	10.49±0.32 bc	8.69±0.99 e
灌浆期	玉米单作		6.56±0.43b	
	玉米‖大豆2：6	7.06±0.60 a	—	—
	玉米‖大豆4：6	7.06±0.44 a	6.66±.0.31 ab	—
	玉米‖大豆6：6	7.08±0.56 a	6.70±0.62 ab	6.42±0.48 b

抽雄期，与玉米单作相比，各间作种植模式的边1行和边2行玉米蒸腾

速率均有显著性提高，其中玉米‖大豆2：6种植模式的玉米蒸腾速率提高了21.81%，玉米‖大豆4：6种植模式的边1行和边2行玉米蒸腾速率分别提高了25.52%、8.40%，玉米‖大豆6：6边1行和边2行分别提高了29.66%、14.39%，而其边3行玉米蒸腾速率与单作玉米无显著差异。灌浆期，各间作种植模式的边1行玉米蒸腾速率均有显著高于玉米单作，其中玉米‖大豆2：6种植模式的玉米蒸腾速率提高了7.62%，玉米‖大豆4：6种植模式的边1行玉米蒸腾速率提高了7.62%，玉米‖大豆6：6种植模式的边1行提高了7.92%，而玉米‖大豆4：6种植模式的边2行、玉米‖大豆6：6种植模式的边2行和边3行与玉米单作差异不显著。

抽雄期各间作种植模式中，玉米‖大豆2：6、玉米‖大豆4：6和玉米‖大豆6：6三种间作模式的边1行玉米蒸腾速率差异不显著（$P<0.05$），边1行玉米蒸腾速率高于或显著高于各内行玉米，直至其边3行的玉米蒸腾速率开始与玉米单作无显著差异。与抽雄期相似，灌浆期的玉米‖大豆2：6、玉米‖大豆4：6和玉米‖大豆6：6三种间作模式的边1行玉米蒸腾速率差异不显著（$P<0.05$），并且玉米‖大豆4：6和玉米‖大豆6：6的各内行之间及其与单作玉米的蒸腾速率差异均不显著（$P<0.05$）。

二、不同条带配比间作种植模式的生物量及产量

（一）不同生育期各作物单株生物量

从玉米苗期到玉米成熟期，作物利用光热资源，吸收水分、养分，通过光合作用使其生物量不断积累（表4-5）。苗期，玉米‖大豆2：6种植模式的玉米单株生物量高于玉米单作，玉米‖大豆4：6和玉米‖大豆6：6种植模式的各行玉米单株生物量均低于单作，玉米‖大豆4：6种植模式的玉米单株生物量由边行向内行呈下降趋势，玉米‖大豆6：6种植模式的玉米单株生物量整体上由边行向内行也呈降低趋势。玉米‖大豆2：6种植模式的玉米单株生物量高于玉米‖大豆4：6和玉米‖大豆6：6种植模式的边1行，玉米‖大豆4：6玉米边2行单株生物量高于玉米‖大豆6：6玉米边2行而低于玉米‖大豆6：6玉米边3行。各间作种植模式的大豆单株生物量均低于单作大豆，但玉米‖大豆2：6、玉米‖大豆6：6种植模式的大豆单株生物量从边1行至边3行呈递增趋势，玉米‖大豆4：6种植模式的大豆单株生物量从边1行至边3行呈递减趋势；各间作种植的边1行大豆单株生物量以玉米‖大豆4：6最高，但边2行和边3行的大豆单株生物量却均以

玉米‖大豆 4：6 种植模式为最低。

抽雄期，各间作种植模式的边 1 行玉米单株生物量均高于玉米单作，而各个内行玉米相对单作表现各不相同，玉米‖大豆 4：6 种植模式的边 2 行玉米低于单作，玉米‖大豆 6：6 种植模式的边 2 行和边 3 行玉米高于单作；但整体上，玉米‖大豆 4：6、玉米‖大豆 6：6 种植模式的玉米单株生物量由边行到内行呈降低趋势。各间作种植模式的边 1 行玉米单株生物量以玉米‖大豆 2：6 为最高，而玉米‖大豆 6：6 种植模式的边 2 行、边 3 行玉米单株生物量均高于玉米‖大豆 4：6 种植模式的边 2 行。各间作种植模式的大豆单株生物量均低于大豆单作，且各间作大豆由边行至内行均呈递增趋势；各间作种植模式中的边 1 行大豆单株生物量相同，边 2 行以玉米‖大豆 4：6 最高而玉米‖大豆 6：6 次之，边 3 行以玉米‖大豆 6：6 最低。

成熟期的单株作物生物量与抽雄期表现大体一致，各间作种植模式的边 1 行玉米单株生物量均高于玉米单作，各内行相对单作表现各不相同，玉米‖大豆 4：6 和玉米‖大豆 6：6 种植模式的边 2 行与单作玉米差别不大，而玉米‖大豆 6：6 种植模式的边 3 行玉米均低于单作。整体上，玉米‖大豆 4：6、玉米‖大豆 6：6 种植模式的玉米单株生物量由边行至内行仍呈降低趋势；各间作种植模式的边 1 行玉米单株生物量以玉米‖大豆 2：6 为最高而以玉米‖大豆 6：6 次之，玉米‖大豆 4：6 种植模式的边 2 行玉米单株生物量高于玉米‖大豆 6：6 边 2 行、边 3 行。各间作种植的大豆单株生物量变化趋势与抽雄期相似，整体上均低于大豆单作，而且各间作模式中大豆单株生物量由边行至而内行呈递增趋势；各间作种植模式的边 1 行、边 2 行和边 3 行大豆单株生物量均以玉米‖大豆 4：6 最高。

表 4－5　不同处理各生育时期的作物单株生物量

（g/株）

生育期	行/处理		玉米	大豆	玉米‖大豆 2：6	玉米‖大豆 4：6	玉米‖大豆 6：6
苗期	玉米带	边 1 行	6.79	—	6.89	5.47	5.85
		边 2 行		—	—	5.43	4.92
		边 3 行		—	—	—	5.49
	大豆带	边 1 行	—	2.70	1.75	2.37	1.90
		边 2 行	—		2.14	1.97	2.14
		边 3 行	—		2.39	1.76	2.14

（续表）

生育期	行/处理		玉米	大豆	玉米‖大豆 2∶6	玉米‖大豆 4∶6	玉米‖大豆 6∶6
抽雄期	玉米带	边1行	90.00	—	104.38	95.42	96.25
		边2行		—	—	81.67	94.86
		边3行		—	—	—	92.36
	大豆带	边1行	—	17.50	11.88	11.88	11.88
		边2行	—		13.75	15.63	12.50
		边3行	—		16.25	16.25	15.63
成熟期	玉米带	边1行	257.50	—	311.06	276.67	288.95
		边2行		—	—	259.17	252.57
		边3行		—	—	—	247.97
	大豆带	边1行	—	20.56	15.28	16.67	14.58
		边2行	—		15.94	20.21	16.62
		边3行	—		17.72	22.31	16.62

（二）不同生育期各作物生物量及其土地当量比

随着作物不断生长，间作种植优势慢慢显现出来，各间作种植模式各时期以作物生物量为基础的土地当量比均大于1，说明在各时期各间作均表现出了间作优势（表4－6）。土地当量比是衡量间混作比单作增产程度的一项指标，它表示同一农田中两种或两种以上作物间作时的收益与各个作物单作时的收益之比率，若土地当量比大于1，即表示间作比单作效率高。

苗期的土地当量比以玉米‖大豆2∶6种植模式为最大，而玉米‖大豆4∶6与玉米‖大豆6∶6种植模式的土地当量比相同；抽雄期的土地当量比以玉米‖大豆6∶6种植模式为最大，其次是玉米‖大豆2∶6，而玉米‖大豆4∶6最小；成熟期的土地当量比以玉米‖大豆4∶6种植模式为最大，玉米‖大豆2∶6次之，玉米‖大豆6∶6最小。

表4－6　不同处理各生育时期生物量及其土地当量比

处理/生育期	苗期		抽雄期		成熟期	
	生物量（kg）	土地当量比	生物量（kg）	土地当量比	生物量（kg）	土地当量比
玉米	413.93 ± 3.23	—	5 488.56 ± 381.15	—	15 703.38 ± 361.49	—

（续表）

处理/生育期		苗期		抽雄期		成熟期	
		生物量（kg）	土地当量比	生物量（kg）	土地当量比	生物量（kg）	土地当量比
大豆		764. 40 ± 17. 28	—	4 956. 28 ± 354. 02	—	5 821. 66 ± 269. 77	—
玉米‖大豆 2∶6	玉米	208. 65 ± 0. 83	1. 13	3 161. 94 ± 56. 80	1. 22	9 423. 24 ± 384. 67	1. 24
	大豆	479. 92 ± 3. 86		3 198. 51 ± 47. 78		3 738. 58 ± 60. 76	
玉米‖大豆 4∶6	玉米	239. 60 ± 2. 12	1. 02	3 891. 94 ± 105. 43	1. 20	11 776. 65 ± 367. 57	1. 31
	大豆	336. 02 ± 2. 95		2 408. 70 ± 45. 88		3 258. 54 ± 45. 07	
玉米‖大豆 6∶6	玉米	276. 86 ± 3. 38	1. 02	4 826. 98 ± 110. 01	1. 23	13 443. 55 ± 129. 71	1. 21
	大豆	266. 74 ± 4. 19		1 726. 08 ± 53. 94		2 054. 26 ± 21. 69	

（三）不同生育期各作物产量及其土地当量比

相对单作种植，各间作种植模式均表现出一定的产量优势，其土地利用率均高于各作物单作，特别是间作玉米产量优势尤为明显。各种间作种植模式的土地当量比均大于1（表4－7），玉米‖大豆2∶6种植的土地利用率提高了24%，间作玉米、间作大豆产量较相同可比面积上单作玉米、单作大豆分别提高了92. 33%、6. 50%；玉米‖大豆4∶6种植的土地利用率提高了30%，间作玉米、间作大豆较相同可比面积上单作玉米、单作大豆分别提高57. 94%、3. 02%；玉米‖大豆6∶6种植的土地利用率提高了24%，间作玉米、间作大豆较相同可比面积上单作玉米、单作大豆分别提高42. 19%、4. 37%；

相对单作种植，各间作种植模式的农田经济效益均可显著提高（$P<0.05$）（表4－7），其中玉米‖大豆4∶6种植经济效益（23 480元/hm^2）最高，相对玉米单作、大豆单作分别提高了29. 42%、43. 73%，但玉米‖大豆4∶6种植的经济效益与玉米‖大豆6∶6种植的经济效益（22 382元/hm^2）差异不显著，而显著高于玉米‖大豆2∶6种植（21 861元/hm^2）。

表 4－7　不同处理经济产量及其土地当量比

处理		产量（kg/hm²）	土地当量比	经济效益（元/hm²）
玉米单作		9 630	—	18 142 ±256 c
大豆单作		3 776	—	16 336 ±100 d
玉米‖大豆 2∶6	玉米	5 699	1.24	21 861 ±292 b
	大豆	2 444		
玉米‖大豆 4∶6	玉米	7 605	1.30	23 480 ±165 a
	大豆	1 945		
玉米‖大豆 6∶6	玉米	8 335	1.24	22 382 ±288 ab
	大豆	1 413		

注：机械费用 300 元/hm²，灌溉 150 元/hm²；玉米种价格 12.00 元/kg，大豆种 12.00 元/kg；2010 年玉米收购价格 2.20 元/kg，玉米秸秆收购价格 0.02 元/kg，大豆收购价格 5.00 元/kg，尿素 2 400元/t，过磷酸钙 800 元/t，进口硫酸钾 3 500元/t

三、不同条带配比间作种植模式的氮素吸收

从作物苗期到成熟期，各处理各行玉米秸秆、大豆秸秆氮含量均呈递减趋势（表4－8）。苗期，玉米氮含量无明显规律，玉米‖大豆2∶6种植模式的间作玉米高于单作玉米11.46%，玉米‖大豆4∶6种植模式的间作边1行、边2行与玉米‖大豆6∶6种植模式的边1行、边2行、边3行均与单作玉米无显著差异，并且玉米‖大豆4∶6、玉米‖大豆6∶6种植模式的间作玉米各行氮含量由边行至内行有增加的趋势（$P<0.05$）。除玉米‖大豆4∶6种植模式的边2行大豆以外，各间作中指的各行大豆氮含量均高于单作，各间作种植模式的大豆条带大豆氮含量由外往内无相对一致变化规律，玉米‖大豆2∶6种植模式的大豆氮含量由边1行至边3行呈先增后减的趋势，而玉米‖大豆4∶6种植模式呈先减后增的趋势，玉米‖大豆6∶6种植模式的大豆氮含量呈递减趋势（$P<0.05$）；各间作种植模式的大豆边1行氮含量无显著性差异，边2行以玉米‖大豆2∶6种植模式为最高，玉米‖大豆6∶6次之，边3行以玉米‖大豆2∶6种植模式为最高，玉米‖大豆4∶6次之。抽雄期，各个种植模式下的各行玉米氮含量之间均无显著差异，并且各个种植模式下的各行大豆氮含量之间也均无显著性差异（$P<0.05$）。

成熟期，各间作种植模式下各行玉米秸秆氮含量与单作玉米相比均无显

著差异，玉米‖大豆4∶6种植模式的边1行玉米氮含量显著高于其边2行；玉米‖大豆6∶6种植模式的玉米氮含量自边行至内行也无显著变化，玉米‖大豆6∶6种植模式的边2行玉米氮含量显著高于玉米‖大豆4∶6种植的边2行。玉米‖大豆2∶6种植模式的边1行和边2行、玉米‖大豆4∶6种植模式的边3行、玉米‖大豆6∶6种植模式的边1行、边2行、边3行均显著高于单作大豆，而其他间作大豆行均与单作大豆无显著差异，玉米‖大豆2∶6种植模式由边行至内行的大豆氮含量呈降低趋势，玉米‖大豆4∶6种植模式呈递增趋势，而玉米‖大豆6∶6种植模式的各行大豆秸秆氮含量之间无显著差异。

作物成熟后，玉米、大豆籽粒氮含量显著高于秸秆，作物收获后各种植模式的整体吸氮量主要来自于籽粒的贡献。各间作种植模式下各行玉米的籽粒氮含量与单作玉米籽粒均无显著差异，且各间作种植模式下各行玉米籽粒氮含量之间也均无显著差异（$P<0.05$）。同样的，各间作种植模式下各行大豆的籽粒氮含量与单作大豆籽粒均无显著差异，且各间作种植模式下各行大豆籽粒氮含量之间也均无显著差异（$P<0.05$）。

表4-8　不同处理各生育时期的作物氮含量

（g/kg）

生育期	行/处理		玉米	大豆	玉米‖大豆 2∶6	玉米‖大豆 4∶6	玉米‖大豆 6∶6
苗期	玉米带	边1行	29.49 ± 0.10 b	—	32.87 ± 1.73 a	28.39 ± 1.88 b	29.94 ± 0.19 ab
		边2行	—	—	—	31.07 ± 0.33 ab	29.85 ± 1.02 ab
		边3行	—	—	—	—	30.42 ± 0.72 ab
	大豆带	边1行	—		38.05 ± 2.06 b	37.59 ± 0.14 b	38.34 ± 1.28 b
		边2行		29.65 ± 1.78 e	40.94 ± 0.89 a	28.84 ± 0.22 e	35.15 ± 2.08 c
		边3行			37.79 ± 1.07 b	34.68 ± 0.06 c	32.58 ± 1.14 d

（续表）

生育期	行/处理		玉米	大豆	玉米‖大豆 2∶6	玉米‖大豆 4∶6	玉米‖大豆 6∶6
抽穗期	玉米带	边1行		—	17.04 ± 1.93 a	16.82 ± 1.38 a	14.79 ± 0.48 a
		边2行	17.00 ± 1.50 a	—	—	15.03 ± 1.38 a	16.32 ± 0.22 a
		边3行		—	—	—	15.51 ± 1.88 a
	大豆带	边1行	—		27.21 ± 0.38 a	26.91 ± 0.80 a	27.16 ± 0.70 a
		边2行	—	27.51 ± 1.46 a	27.52 ± 0.93 a	25.61 ± 1.00 a	27.98 ± 1.80 a
		边3行	—		26.48 ± 0.74 a	26.91 ± 1.75 a	27.14 ± 1.66 a
成熟期—秸秆	玉米带	边1行		—	7.39 ± 0.43 ab	8.10 ± 0.01 a	7.56 ± 0.35 ab
		边2行	7.78 ± 0.33 ab	—	—	7.19 ± 0.51 b	8.13 ± 0.34 a
		边3行		—	—	—	7.58 ± 0.39 ab
	大豆带	边1行	—		4.25 ± 0.05 ab	3.64 ± 0.27 e	4.22 ± 0.38 ab
		边2行	—	3.73 ± 0.01 de	4.77 ± 0.16 a	3.92 ± 0.12 bcd	4.25 ± 0.31 ab
		边3行	—		3.89 ± 0.19 cde	4.66 ± 0.21 ab	4.42 ± 0.32 ab
成熟期—籽粒	玉米带	边1行		—	11.58 ± 0.66 a	12.47 ± 0.22 a	11.70 ± 0.58 a
		边2行	11.68 ± 0.49 a	—	—	12.15 ± 0.57 a	11.78 ± 0.36 a
		边3行		—	—	—	12.21 ± 0.38 a
	大豆带	边1行	—		64.35 ± 1.19 ab	63.22 ± 4.34 ab	66.54 ± 1.66 a
		边2行	—	60.71 ± 0.72 b	65.47 ± 1.29 ab	62.31 ± 5.10 ab	65.65 ± 3.97 ab
		边3行	—		65.03 ± 2.76 ab	64.51 ± 1.83 ab	65.28 ± 1.75 ab

从玉米苗期到抽雄期，各处理各作物条带的吸氮量均随生物量增加而递增（表4－9）。苗期玉米‖大豆2∶6种植模式的整体吸氮量最大（23.11kg/hm^2），但与单作大豆差异不显著，而单作玉米吸氮量显著低于各处理（$P<$

0.05)。抽雄期各处理间的整体吸氮量差别与苗期相似，玉米‖大豆2∶6种植模式的整体吸氮量（140.40kg/hm²）最大，但与单作大豆差异不显著，单作玉米吸氮量显著低于其他各处理（$P<0.05$）。成熟期玉米‖大豆4∶6种植模式的整体吸氮量（257.97kg/hm²）略高于玉米‖大豆2∶6（257.77kg/hm²），但无显著差异，且这两种间作种植均显著高于其他处理（$P<0.05$）。

表4-9　不同处理各生育时期的作物吸氮量

（kg/hm²）

处理/生育期		苗期		抽雄期		成熟期	
玉米		13.14±1.14 c		92.94±1.18 d		159.68±3.00 c	
大豆		21.85±2.06 a		136.08±5.65 ab		236.87±4.00 b	
玉米‖大豆 2∶6	玉米	6.55±0.25	23.11±2.41 a	53.97±2.05	140.40±8.16 a	93.44±1.63	257.77±4.00 a
	大豆	16.56±0.44		86.46±1.69		164.33±0.82	
玉米‖大豆 4∶6	玉米	7.25±0.09	18.53±1.27 b	62.13±2.23	125.81±6.6 bc	129.28±2.48	257.97±3.00 a
	大豆	11.28±0.44		63.68±1.26		128.69±1.66	
玉米‖大豆 6∶6	玉米	8.08±0.21	17.74±0.14 b	75.06±1.60	122.31±7.63 c	138.58±1.02	234.34±6.00 b
	大豆	9.66±0.28		47.25±1.47		95.76±0.60	

四、不同条带配比间作种植模式的土壤硝态氮变化

（一）不同生育期各作物条带土壤水分含量

从玉米喇叭口期至成熟期的这一段时间内，各处理各作物条带各个行间的土壤水分均呈现先增后降的变化趋势，土壤水分含量增加主要发生在玉米喇叭口期至抽雄期（表4-10）。喇叭口期，玉米‖大豆2∶6种植模式的玉米行间水分含量相对单作玉米有较小量的提高（0.46%），而玉米‖大豆4∶6、玉米‖大豆6∶6种植模式的各玉米行间土壤含水量均低于单作玉米，并且两种间作种植的玉米行间土壤水分由边行至内行均呈渐增趋势；各间作玉米带边1行土壤水分以玉米‖大豆2∶6最高，玉米‖大豆6∶6次之，而边2行以玉米‖大豆6∶6高于玉米‖大豆4∶6，并且玉米‖大豆6∶6种植

模式的边 3 行间土壤含水量高于玉米‖大豆 4：6 各个行间。各间作大豆行间土壤水分含量普遍低于单作大豆，玉米‖大豆 2：6、玉米‖大豆 6：6 种植模式的大豆行间土壤水分含量由外而内均呈渐增趋势，而玉米‖大豆 4：6 种植模式先减后增。各间作大豆带各行间土壤水分均以玉米‖大豆 2：6 为最高，玉米‖大豆 4：6 最低。玉米‖大豆 2：6、玉米‖大豆 4：6 种植模式的作物交界带土壤水分含量均低于相邻的两种作物的边 1 行行间，玉米‖大豆 6：6 种植模式的交界带高于相邻的两作物边 1 行间。

抽雄期，玉米‖大豆 2：6 和玉米‖大豆 6：6 种植模式的玉米各行间土壤水分均高于单作玉米行间，玉米‖大豆 4：6 种植模式的玉米行间土壤水分含量均低于单作玉米，并且玉米‖大豆 4：6、玉米‖大豆 6：6 种植模式的玉米行间土壤水分由外而内均有所增加。各间作玉米条带的边 1 行行间土壤水分以玉米‖大豆 2：6 种植为最高，玉米‖大豆 6：6 次之，边 2 行以玉米‖大豆 6：6 种植模式高于玉米‖大豆 4：6，并且玉米‖大豆 6：6 种植模式的边 3 行行间土壤水分高于玉米‖大豆 4：6 各行间。各间作种植模式下各行大豆行间土壤水分含量均低于单作大豆，玉米‖大豆 2：6 和玉米‖大豆 4：6 大豆带从边 1 行至边 3 行土壤水分均先增后减，而玉米‖大豆 6：6 种植模式呈递减趋势；各间作种植模式下的大豆条带边 1 行行间土壤水分含量以玉米‖大豆 2：6 种植为最高，玉米‖大豆 6：6 次之，而边 2 行行间土壤水分含量以玉米‖大豆 2：6 最高，玉米‖大豆 4：6 次之，边 3 行以玉米‖大豆 6：6 种植为最高，玉米‖大豆 4：6 次之。玉米‖大豆 2：6 和玉米‖大豆 6：6 种植模式的交界带土壤水分含量均低于相邻的两作物边 1 行行间土壤，玉米‖大豆 4：6 种植模式的交界带土壤水分含量高于相邻的两作物边 1 行行间土壤。

灌浆期，各间作模式下各玉米行间土壤水分含量均低于单作玉米，并且玉米‖大豆 4：6、玉米‖大豆 6：6 种植模式的玉米行间土壤水分由外而内均有所增加；各间作模式中的玉米条带边 1 行土壤水分含量以玉米‖大豆 6：6 种植为最高，玉米‖大豆 2：6 次之，并且玉米‖大豆 6：6 边 2 行、边 3 行行间土壤含水量均高于玉米‖大豆 4：6 的边 2 行。各间作种植模式下的大豆条带行间土壤水分含量均低于单作大豆，玉米‖大豆 2：6 和玉米‖大豆 6：6 种植模式的大豆条带行间土壤水分含量由边 1 行至边 3 行均先减后增，而玉米‖大豆 4：6 种植模式呈先增后减趋势并且各行间均低于其他两个处理，间作大豆条带的边 1 行行间土壤含水量以玉米‖大豆 6：6 种植为最高，而边 2 行和边 3 行均以玉米‖大豆 2：6 种植为最高。此外，各种种植模式下的各间作交界带土壤含水量均低于相邻的两种作物条带边 1 行行间土壤。

成熟期，各种间作种植模式的玉米条带各行间土壤水分含量均低于单作玉米，并且玉米‖大豆 4∶6、玉米‖大豆 6∶6 种植模式的玉米行间土壤水分含量由外而内均有所增加；各间作种植模式的玉米条带边 1 行行间土壤水分含量以玉米‖大豆 6∶6 为最高，玉米‖大豆 2∶6 次之，并且玉米‖大豆 6∶6 种植的边 2 行、边 3 行间土壤含水量均高于玉米‖大豆 4∶6 种植的边 2 行。相对单作大豆行间土壤水分，各间作大豆条带各行间土壤含水量有高有低，其中玉米‖大豆 2∶6 种植的边 2 行、玉米‖大豆 6∶6 种植的边 2 行和边 3 行大豆各行间土壤含水量均高于单作。玉米‖大豆 2∶6 种植的大豆条带行间土壤含水量由边 1 行至边 3 行呈先增后减趋势，而玉米‖大豆 2∶6 和玉米‖大豆 2∶6 种植的呈递增趋势；三种间作种植模式下大豆条带的各行间土壤水分含量均以玉米‖大豆 4∶6 最低，玉米‖大豆 6∶6 最高。玉米‖大豆 2∶6、玉米‖大豆 4∶6 种植模式的交界带土壤含水量等于或低于相邻的两种作物边 1 行，但玉米‖大豆 6∶6 种植模式交界带的土壤含水量高于玉米边 1 行间而低于大豆边 1 行间。

表 4－10　不同处理各生育时期的土壤（0～20cm）水分含量

（%）

生育期	行/处理		玉米	大豆	玉米‖大豆 2∶6	玉米‖大豆 4∶6	玉米‖大豆 6∶6
喇叭口期	玉米带	边 1 行	21.58±0.29	—	22.04±0.84	20.48±0.29	20.90±0.66
		边 2 行		—	—	20.63±1.04	21.21±1.07
		边 3 行		—	—	—	21.34±1.42
	交界带		—	—	20.88±0.18	19.69±0.57	21.05±0.26
	大豆带	边 1 行	—	22.29±0.73	21.57±0.93	20.13±0.23	20.74±0.35
		边 2 行	—		21.19±0.72	19.97±0.73	20.71±0.04
		边 3 行	—		20.98±0.88	20.12±0.19	20.49±0.46
抽雄期	玉米带	边 1 行	23.49±0.31	—	24.57±1.43	22.76±0.88	23.60±0.27
		边 2 行		—	—	22.95±0.72	23.78±0.63
		边 3 行		—	—	—	23.87±1.21
	交界带		—	—	23.56±1.17	23.44±1.05	23.41±0.62
	大豆带	边 1 行	—	24.02±0.76	23.58±0.35	23.19±0.03	23.46±0.22
		边 2 行	—		23.92±0.94	23.65±0.78	23.45±0.84
		边 3 行	—		23.20±0.42	23.47±0.25	24.00±0.81

（续表）

生育期	行/处理		玉米	大豆	玉米‖大豆 2：6	玉米‖大豆 4：6	玉米‖大豆 6：6
灌浆期	玉米带	边1行	19.78±0.29	—	17.90±0.40	17.06±1.06	18.29±0.97
		边2行		—	—	17.81±1.24	18.43±0.75
		边3行		—	—	—	18.74±0.55
	交界带		—	—	16.94±0.73	16.04±1.09	17.65±0.95
	大豆带	边1行	—	18.14±0.94	17.52±0.97	16.57±0.48	17.57±0.38
		边2行	—		17.05±0.48	16.88±0.56	16.88±0.17
		边3行	—		17.66±0.48	16.84±0.81	17.53±0.43
成熟期	玉米带	边1行	18.68±0.10	—	16.74±0.98	16.31±1.21	17.09±0.76
		边2行		—	—	16.38±0.85	17.10±0.73
		边3行		—	—	—	17.21±1.43
	交界带		—	—	16.64±0.57	16.31±0.86	17.58±0.82
	大豆带	边1行	—	17.89±0.03	17.01±0.73	16.83±0.83	17.80±0.40
		边2行	—		18.13±0.66	17.18±0.68	18.33±0.98
		边3行	—		17.85±0.14	17.87±0.84	18.85±1.00

（二）不同生育期各作物条带土壤硝态氮含量

从玉米喇叭口期至成熟期，各间作种植模式的各个玉米行间土壤硝态氮含量均呈现先降后增的变化趋势，而大豆条带及交界带整体上呈不断降低的趋势（表4－11）。喇叭口期，各间作种植模式下的玉米带行间土壤硝态氮含量均高于单作玉米，边1行土壤硝态氮含量以玉米‖大豆6：6种植为最高，玉米‖大豆4：6次之，并且玉米‖大豆6：6种植的边2行高于玉米‖大豆4：6而边3行低于玉米‖大豆4：6边2行；玉米‖大豆4：6种植的玉米行间土壤硝态氮含量由外而内有所升高而玉米‖大豆6：6种植却呈先增后减的趋势。各间作种植模式下大豆条带行间土壤硝态氮含量均低于单作大豆，玉米‖大豆2：6和玉米‖大豆4：6种植的边1行至边3行大豆土壤硝态氮含量均先增后降，而玉米‖大豆6：6种植却是先降后增；各间作模式下大豆条带边1行土壤硝态氮含量以玉米‖大豆6：6种植为最高而玉米‖大豆4：6次之，边2行以玉米‖大豆2：6种植为最高而玉米‖大豆6：6次之，边3行以玉米‖大豆6：6最高而玉米‖大豆4：6次之。玉米‖大豆2：6种植的交界带土壤硝态氮含量高于相邻两种作物的边1行，而玉米‖大豆4：6种植的交界带却低于两种作物的边1行，玉米‖大豆6：6种植的交界带高于玉米边1行却低于大豆边1行。

抽雄期，除玉米‖大豆2：6种植外，玉米‖大豆4：6和玉米‖大豆6：6种植的玉米条带各行间土壤硝态氮含量均高于单作玉米，并且其含量从边1行至边3行呈递减的变化趋势，各间作条带的边1行和边2行土壤硝态氮含量均以玉米‖大豆4：6最高。除玉米‖大豆6：6种植的大豆条带边3行外，各间作种植模式下大豆条带各行间土壤硝态氮含量均低于单作大豆，且边1行至边3行的硝态氮含量变化趋势为：玉米‖大豆2：6种植呈逐渐降低趋势，玉米‖大豆4：6种植呈先增后降趋势，玉米‖大豆6：6种植呈逐渐提高的趋势；各间作种植的边1行土壤硝态氮含量以玉米‖大豆2：6种植为最高而玉米‖大豆4：6最低，边2行间和边3行间均以玉米‖大豆6：6最高而玉米‖大豆4：6最低。玉米‖大豆2：6种植的交界带土壤硝态氮含量高于玉米边1行而低于大豆边1行，玉米‖大豆4：6种植低于玉米边1行而高于大豆边1行，玉米‖大豆6：6种植高于相邻两种作物边1行。

灌浆期，除玉米‖大豆2：6玉米边1行外，各间作模式下的玉米条带行间土壤硝态氮含量均高于单作玉米；并且玉米‖大豆4：6种植的玉米行间土壤硝态氮含量由外而内呈递减的变化趋势，而玉米‖大豆6：6呈先降后增的变化趋势，各间作种植模式下边1行土壤硝态氮含量以玉米‖大豆6：6最高，而玉米‖大豆4：6种植的边2行高于玉米‖大豆6：6种植的边2行，但低于玉米‖大豆6：6种植的边3行。除玉米‖大豆4：6种植的大豆条带边3行和玉米‖大豆6：6种植的大豆条带边1行外，其余各处理各行间的土壤硝态氮含量均低于单作大豆；玉米‖大豆2：6种植的大豆条带土壤硝态氮含量由边1行至边3行不断提高，而玉米‖大豆4：6种植呈先降后增的趋势，但玉米‖大豆6：6种植呈不断降低的趋势。各间作种植模式中的大豆条带边1行土壤硝态氮含量以玉米‖大豆6：6最高而玉米‖大豆4：6次之，边2行以玉米‖大豆6：6最高而玉米‖大豆2：6次之，边3行以玉米‖大豆4：6最高而玉米‖大豆2：6次之。玉米‖大豆2：6种植的交界带土壤硝态氮含量低于相邻两种作物边1行，玉米‖大豆4：6和玉米‖大豆6：6均低于各自相邻玉米边1行而高于大豆边1行。

成熟期，除玉米‖大豆6：6玉米边3行外，各间作模式的玉米条带各行间土壤硝态氮含量均低于单作玉米，并且玉米‖大豆4：6种植的玉米行间土壤硝态氮含量由外而内呈递减变化，而玉米‖大豆6：6种植呈先降后增的变化趋势；各间作种植模式的边1行玉米土壤硝态氮含量以玉米‖大豆6：6最高而玉米‖大豆4：6次之，但玉米‖大豆6：6种植的边2行高于玉米‖大豆4：6种植的边2行。除玉米‖大豆4：6种植的边1行大豆外，其余各间作处理的各行间土壤硝态氮含量均高于单作大豆。玉米‖大豆4：6和玉米‖大豆6：6种植的大豆条带各行间土壤硝态氮含量由边1行至边3行不断提高的趋势，而玉米‖大豆2：6种植呈先增后降趋势。各间作种植模式的边1行土壤硝态氮含量以玉米‖大豆2：6最高而玉米‖大豆6：6次之，边2行以玉米‖大豆2：6最高而玉米‖大豆6：6次之，边3行以玉米‖大豆4：6最高而玉米‖大豆6：6次之。玉米‖大豆2：6种植的交界带土壤硝态氮含量低于相邻两种作物边1行，但玉米‖大豆4：6和玉米‖大豆6：6种植均低于各自的相邻玉米边1行而高于大豆边1行。

表4－11　不同处理各生育时期的土壤（0～20cm）硝态氮含量

（mg/kg）

生育期	行/处理		玉米	大豆	玉米‖大豆 2：6	玉米‖大豆 4：6	玉米‖大豆 6：6
喇叭口期	玉米带	边1行	9.20±0.78	—	10.21±0.19	10.70±0.29	11.93±0.37
		边2行		—	—	11.08±0.22	12.38±0.42
		边3行		—	—	—	10.69±0.63
	交界带		—	—	12.87±0.30	10.57±0.60	12.74±0.84
	大豆带	边1行	—	14.04±0.02	9.50±0.65	11.63±0.17	13.58±0.23
		边2行	—		12.70±0.94	11.70±0.73	12.32±1.35
		边3行	—		8.30±0.15	11.28±0.18	12.74±0.39
抽雄期	玉米带	边1行	7.77±0.64	—	7.26±0.24	10.74±0.46	9.88±1.00
		边2行		—	—	8.99±1.05	8.72±0.47
		边3行		—	—	—	8.35±1.00
	交界带		—	—	7.89±1.98	7.29±5.16	11.06±0.68
	大豆带	边1行	—	8.16±0.35	8.07±1.95	5.19±3.22	5.63±0.05
		边2行	—		7.10±0.76	5.27±3.60	7.23±0.20
		边3行	—		6.17±2.94	5.32±3.96	9.79±0.46

（续表）

生育期	行/处理		玉米	大豆	玉米‖大豆 2：6	玉米‖大豆 4：6	玉米‖大豆 6：6
灌浆期	玉米带	边1行	10.46±0.96	—	8.78±0.07	13.78±1.27	15.19±1.00
		边2行		—	—	12.45±0.44	12.36±0.81
		边3行		—	—	—	15.77±1.12
	交界带		—	—	5.99±0.03	7.68±0.33	9.06±0.01
	大豆带	边1行	—	7.37±0.41	6.59±0.31	7.35±0.09	8.08±0.39
		边2行	—		6.99±0.24	6.98±0.42	7.21±0.54
		边3行	—		7.32±0.03	8.98±0.10	6.41±0.24
成熟期	玉米带	边1行	17.91±1.68	—	9.59±0.58	14.15±1.00	17.41±1.53
		边2行		—	—	11.01±0.49	12.68±0.04
		边3行		—	—	—	18.12±1.00
	交界带		—	—	6.89±0.11	7.58±0.35	8.59±0.71
	大豆带	边1行	—	6.44±0.04	7.17±0.22	6.18±0.08	6.67±0.14
		边2行	—		8.56±0.54	7.03±0.33	7.35±0.30
		边3行	—		7.49±0.16	8.65±0.20	8.02±0.68

（三）土壤硝态氮残留

作物全部收获后，各种植模式的0～20cm土壤硝态氮残留量差异显著，其中单作玉米种植的土壤硝态氮残留量显著高于其他各处理（$P<0.05$）（图4-1）。大豆单作耕层的土壤硝态氮残留量最低，原因可能在于其实际施肥量较低；玉米‖大豆4：6种植的耕层土壤硝态氮残留量显著低于玉米‖大豆6：6，但高于玉米‖大豆2：6。单作玉米种植20～40cm土壤硝态氮残留量显著高于其他各处理（$P<0.05$），并且大豆单作的耕层土壤硝态氮残留量最低，玉米‖大豆4：6种植的土壤硝态氮残留量与玉米‖大豆6：6无显著性差异，但高于玉米‖大豆2：6。由此可知，随着间作种植中玉米条带面积的增加，耕层土壤硝态氮残留量逐渐增加。

五、不同条带配比间作种植模式的后茬效应

各夏播处理的后茬小麦产量之间无显著性差异，虽然夏播间作种植并未影响到后茬小麦的产量，但玉米‖大豆4：6种植的后茬小麦产量在数值上

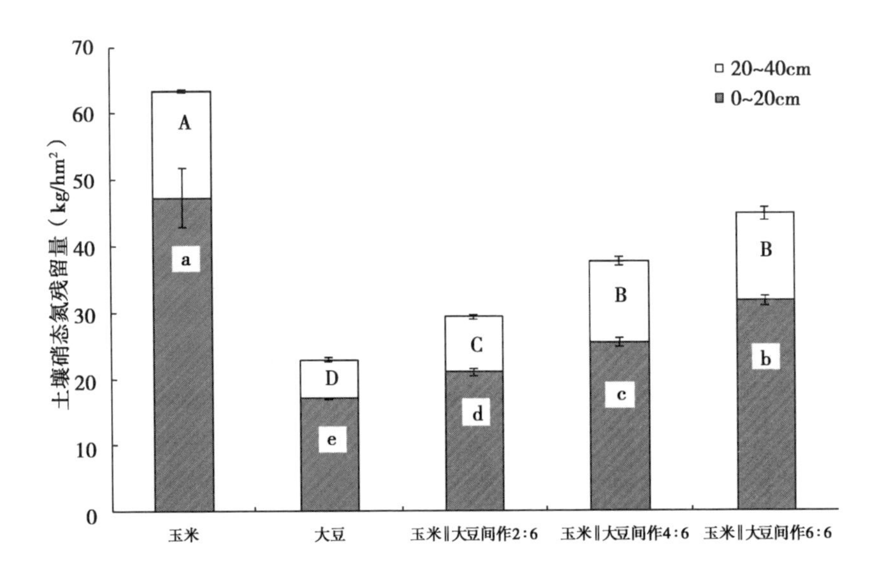

图 4－1　作物收获后土壤（0～40cm）硝态氮残留量

略高于其他处理 12～263kg/hm²。夏播间作种植的后茬小麦收获后的 0～100cm 土壤硝态氮残留量显著低于夏播玉米单作种植（$P<0.05$），与夏播玉米单作相比，夏播间作种植模式后茬小麦收获后的土壤硝态氮残留下降了 21.9%～51.7%（表 4－12）。

表 4－12　不同夏播处理的后茬小麦产量和 0～100cm 土壤硝态氮残留量

夏播作物	后茬作物	产量（kg/hm²）	0～100cm 土壤硝态氮残留量（kg/hm²）
玉米单作	小麦	7 380 a	206 a
大豆单作	小麦	7 190 a	125 b
玉米‖大豆 2：6	小麦	7 150 a	97 c
玉米‖大豆 4：6	小麦	7 410 a	119 bc
玉米‖大豆 6：6	小麦	7 180 a	161 ab

六、讨论

（一）不同条带配比间作种植模式的光合特性

玉米抽雄期是玉米雄穗形成的关键时期，灌浆期是玉米籽粒形成期，这两个时期对玉米产量的形成具有重要作用；而作物物质生产的95%是来自光合作用，因此光合特性成为作物产量的重要基础。东先旺等（1999）研究玉米光合，证明玉米花后光合势强且稳定更有利于玉米产量提高；战秀梅等（2008）认为通过提高玉米的叶面积和光合速率有助于提高玉米产量。本研究通过分别测定抽雄期和灌浆期光合特性指标，结果表明：各光合特性从抽雄期至灌浆期均呈现一定幅度下降趋势，这与张建华（2006）认为的从抽雄期至灌浆期各指标递增不同，但都认为间作种植方式较单作，玉米叶片的光合速率、蒸腾速率及气孔导度等均有不同程度的增大。

间作种植的优势可能源自于其对地上部光热资源和地下部养分的高效利用（Lv et al.，2014），并且间作玉米产量与其叶片的光合能力密切相关，而光的传输受作物间距影响很大（Prasad and Brook，2005）。本研究表明，相对单作玉米，各时期间作各行玉米光合特性变化趋势相同，边行优势明显，各间作中玉米距离边行越远，各光合特性指标越低。间作种植方式下各光合指标，整体上有相同趋势：间作边1行玉米均较单作玉米优势明显，间作边2行绝大多数较单作仍然具有一定有优势，但相对玉米‖大豆2∶6边1行有所下降，而边3行相对单作玉米出现指标值下降；这说明本研究中，光合特性边行优势所能惠及层度能够到达间作种植边2行，至边3行时开始出现与单作相同或相似现象，与单作玉米几乎没有区别。玉米‖大豆4∶6种植相对其他种植方式提高边1行光合特性的优势较明显，高于或等于其他种植方式，而边2行相对玉米‖大豆6∶6种植的边2行有高有低但高于其边3行。此外，相对单作玉米和玉米‖大豆6∶6，在抽雄期和灌浆期，玉米‖大豆4∶6种植的玉米净光合速率、气孔导度、胞间CO_2浓度和蒸腾速率均有所提高，但各指标高于或略低于玉米‖大豆2∶6的玉米。

（二）不同条带配比间作种植模式的产量及经济效益

刘巽浩认为（1994），边行效应是间作多数种植的主要增产机理之一。大量研究认为，边行产量优势极其显著，边行增产为30%～250%（李风超，1995；刘巽浩等，1981；赵秉强，1996；郑广华等，1983）。这与本研究整体上所表现出来的边行优势一致，但不同生育期变化趋势不同。间作优势也不是一开始就有的，而是在作物生长过程中逐渐形成的，这可能是因为间作对玉米边行产生积极影响而对大豆边行产生了消极影响（Li et al.，2001）。随着两种作物共生期内不断同时生长，不同的作物系统的种间竞争和种间促进可能存在不同程度交互作用，从而产生不同的生长规律（Corre -

Hellou et al.，2006）。

从苗期至成熟期，玉米‖大豆2∶6边行玉米单株生物量均高于单作，表现出明显的边行优势；而玉米‖大豆4∶6和玉米‖大豆6∶6苗期单株生物量均低于单作，间作优势并未体现，原因可能在于相对单作玉米，生育前期大豆与玉米株高相对一致，并未出现明显的空间互补，导致通风和CO_2供应情况也未得到明显改善，并且苗期各作物根系尚不发达，还没形成明显的地下部竞争与互补；在抽雄期和成熟期，玉米‖大豆4∶6和玉米‖大豆6∶6边1行单株生物量均高于单作，间作边行优势显现，至成熟期，玉米‖大豆4∶6边2行高于单作及玉米‖大豆6∶6各内行。

各时期，整体上间作大豆从边1行至边3行呈递增趋势，说明间作种植促进交界带玉米的生长，而相对降低了交界带大豆，至成熟期，各间作大豆边1行、边2行、边3行单株生物量均以玉米‖大豆4∶6最高；整个生育期，间作大豆单株生物量均低于单作，原因可能在于大豆作为喜光作物，相对单作大豆，高秆玉米对间作大豆带的遮阴，相对降低了大豆对光、热、CO_2等的有效利用和吸收。单作种植与间作种植各有所长，主要在于对两种作物配比的选择与研究，最理想的种植模式是：既能充分发挥空间互补优势，又能利用时间上、地下因素以及生物间的互补，尽可能地减少各自之间的竞争，达到两种配比作物同步增产。此外，本研究中各间作处理各时期以作物生物量为基础的土地当量比均大于1，说明在各时期各间作均具有间作优势。作物收获时，相对其他间作种植，玉米‖大豆4∶6种植的土地当量比和经济效应均最大，这也是三种间作种植中唯一能够维持两种作物均增产的方式。

（三）不同条带配比间作种植模式的氮素吸收

李广才（2005）认为，大麦（小麦）/玉米间套作改变了边行大麦或小麦的氮营养，使边行作物籽粒氮浓度高于内行、边行吸氮量比分别内行高出124.1%～149.3%、74.5%～115.5%。这与本研究大体一致，但不同生育期变化不同。研究表明，间作可以提高交界作物的氮含量（Li et al.，2001b），并且间作种植整体吸氮量显著高于玉米单作（Li et al.，2011），但也有研究表明单作种植显著高于间作种植（Zhang et al.，2008）。

从作物种植后到其成熟，各作物氮含量均呈递减趋势，但各时期各处理间的作物氮含量均无一致的变化趋势。苗期，整体上相对玉米单作，间作玉米在苗期氮素吸收上仍有一定优势，玉米‖大豆2∶6和玉米‖大豆6∶6种植的各行玉米氮含量均高于单作，而玉米‖大豆 4：6 种植的边 1 行略低于单作，边 2 行却高于玉米‖大豆 6：6 种植的边 2 行和边 3 行。整体上各间作种植模式的大豆氮含量也大都高于单作，但各间作大豆条带的氮含量无一致的变化规律。说明间作种植苗期一定程度上促进了作物氮素吸收，但促进作用较复杂，该期株高相对一致，主要区别可能在于地下部。抽雄期的空间差异已然形成，作物之间相互作用更加复杂，不但有地上部光热资源的互补与竞争，还有地下部的相互作用，但本研究中各个种植模式下的各行玉米氮含量之间、各行大豆氮含量之间均无显著差异，而该时期的作用原理有待进一步研究。作物成熟后，玉米、大豆籽粒氮含量显著高于秸秆，作物收获后各种植模式的整体吸氮量主要来自于籽粒的贡献。相对其他种植，间作种植模式的各行玉米秸秆和籽粒氮含量均与单作玉米无显著性差异，但在一定程度上影响或降低了大豆秸秆和籽粒氮含量。

从玉米苗期到成熟期，作物氮含量变化无明显规律，说明间作对作物氮含量的影响因素较为复杂，但间作种植最终提高了间作玉米氮含量，却限制了大豆氮含量的提高，这与作物根系的形成以及根系之间不同的相互作用有关，需要对根系进行深入研究。从苗期到成熟期，各处理各行作物吸氮量随生物量增加而递增，直至成熟期的玉米‖大豆 4：6 种植整体吸氮量相对玉米‖大豆 2：6 差异不显著，但高于玉米‖大豆 2：6。因此，从最终结果来看，玉米‖大豆 4：6 种植作物整体吸氮量最高。

（四）不同条带配比间作种植模式的土壤环境

从玉米喇叭口期至成熟期，各处理各作物行间土壤水分均呈现先增后降的变化趋势，尤其是喇叭口期到抽雄期的土壤水分不断增加，主要在于该时间段内降雨较多。间作种植对各时期各处理土壤水分影响明显不同，整体上土壤水分含量随作物生长而降低，一方面在于蒸腾和蒸发散失，另一方面在于作物生长对水分的吸收；条带水分含量低，一定程度上反映其水分吸收能力较强，交界带水分含量低于相邻两作物边行，则说明间作种植促进了水分消耗，与交界带相邻两行作物水分吸收与竞争激烈，在交界带表现明显。这些特点在玉米‖大豆 4：6 种植中均有明显表现，各作物带在各时期水分吸收能力均较强；玉米喇叭口期至成熟期，玉米‖大豆 4：6 玉米带、大豆带及交界带土壤水分变化规律较一致，各时期玉米各行间土壤水分含量均低于单作玉米，与之间作种植的大豆行间土壤水分含量也均低于单作大豆，同时交界带水分普遍低于相邻两作物边行行间土壤水分含量。

玉米喇叭口期至成熟期的各处理玉米行间土壤硝态氮含量也呈现先降后增的变化趋势，而大豆行间及交界带土壤硝态氮含量整体上呈不断降低的趋势。作物收获后，相对单作玉米，间作玉米带土壤硝态氮残留量有所降低，但从喇叭口期至灌浆期，玉米各行间土壤硝态氮含量却普遍高于单作玉米。相对单作大豆，各间作种植模式的大豆条带土壤硝态氮含量普遍较高，而玉米喇叭口期至灌浆期的大豆条带各行土壤硝态氮含量却普遍低于单作，这可能大豆前期固氮而后期将固定氮素以落叶和根系形式返还土壤有关，也与作物类型、条带配比、施肥量、分条带施肥的施肥方式以及施肥时期有很大关系（张树兰等，2004；陈振华等，2005；王艳萍等，2008；叶优良等，2008a；魏迎春等，2008），其真正原因有待进一步研究。

玉米‖大豆4：6种植相对玉米‖大豆2：6在降低整体土壤硝态氮含量上并无优势，但两者相对玉米‖大豆6：6种植的优势均较明显。各时期，玉米‖大豆4：6各条带土壤硝态氮含量变化较一致：喇叭口期至灌浆期的间作玉米带土壤硝态氮含量均高于单作玉米，保证了作物生长过程中充分的氮素供应，但是否也存在硝态氮淋溶风险，有待进一步研究；该时间段内，间作大豆带土壤硝态氮含量均低于单作大豆，一方面在于按条带施肥的大豆施氮量较少，另一方面在于间作种植中作物之间的养分利用与竞争，在交界带表现最为明显，玉米‖大豆4：6的交界带硝态氮含量普遍低于相邻两作物边行。至成熟期，玉米‖大豆4：6玉米带硝态氮含量低于单作玉米，大豆带却普遍高于单作大豆。作物全部收获后，各种植耕层土壤硝态氮残留量差异显著，单作玉米种植耕层土壤硝态氮残留量显著高于其他各处理，并且随着间作种植中玉米条带面积的增加，耕层土壤硝态氮残留量逐渐增加。大豆单作耕层土壤硝态氮残留量最低，原因在于其实际施肥量较低，此外，玉米‖大豆4：6耕层土壤硝态氮残留量显著低于玉米‖大豆6：6种植。

（五）不同条带配比间作种植模式的后茬效应

研究表明间作种植可以显著促进后茬作物增产（Olasantan，1998；Bergkvist et al.，2011），但也有研究表明间作种植并不能促进后茬作物增产（Ramesh et al.，2002）。本研究的各夏播处理的后茬小麦产量之间无显著性差异，然而，虽然夏播间作种植并未影响到后茬小麦的产量，但玉米‖大豆4：6种植的后茬小麦产量在数值上略有提高。夏播间作种植的后茬小麦收获后的0～100cm土壤硝态氮残留量显著低于夏播玉米单作种植，这主要与夏播季间作种植模式的实际施氮量相对玉米单作较少有关。

七、结论

1. 玉米‖大豆4∶6种植模式的各时期玉米光合特性普遍提高；尤其是相对单作玉米和玉米‖大豆6∶6，抽雄期，玉米净光合速率、气孔导度、胞间 CO_2 浓度和蒸腾速率分别提高了1.02～1.84mmol/m^2·s、0.02～0.04mmol/m^2·s、2.08～4.24mmol/mol、0.37～1.56mol/m^2·s，灌浆期分别提高了0.30～1.10mmol/m^2·s、0.01mmol/m^2·s、2.12～6.69mmol/mol、0.13～0.30mol/m^2·s；但各指标高于或略低于2∶6玉米‖大豆的玉米。

2. 玉米‖大豆4∶6种植明显提高了经济效益，相对玉米‖大豆2∶6、玉米‖大豆6∶6，分别提高了1 618元/hm^2、1 098元/hm^2；玉米‖大豆4∶6种植的间作玉米、间作大豆产量较相同可比面积上单作玉米、单作大豆分别提高57.94%、3.02%，是唯一能够促进两种作物均增产的方式。

3. 玉米‖大豆4∶6种植模式的整体作物吸氮量最高，达257.97kg/hm^2，高出其他处理0.20～98.29kg/hm^2。

4. 玉米‖大豆4∶6种植模式的土壤（0～20cm）硝态氮残留量较少；相对单作玉米、玉米‖大豆6∶6分别降低了21.82kg/hm^2、6.18kg/hm^2，但高于2∶6玉米‖大豆4.53kg/hm^2；玉米‖大豆4∶6种植的玉米带、大豆带及交界带土壤水分变化规律较一致，各时期玉米各行间土壤水分含量均低于单作玉米，与之间作种植的大豆行间土壤水分含量也均低于单作大豆，同时交界带水分普遍低于相邻两作物边行行间土壤水分含量。

5. 各夏播处理的后茬小麦产量之间无显著性差异，但夏播间作种植的后茬小麦收获后的0～100cm土壤硝态氮残留量显著低于夏播玉米单作种植（$P<0.05$）。

参考文献

陈振华，陈利军，武志杰，等．2005. 脲酶—硝化抑制剂对减缓尿素转化产物氧化及淋溶的作用［J］应用生态学报，16（2）：238－242.

东先旺，刘树堂．1999. 夏玉米超高产群体光合特性的研究［J］．华北农学报，14（2）：1－5.

李风超．1995. 种植制度的理论与实践［M］．北京：中国农业出版社．

刘广才．2005. 不同间套作系统种间营养竞争的差异性及其机理研究

[D]. 兰州：甘肃农业大学.
刘巽浩. 1994. 耕作学 [M]. 北京：中国农业出版社.
刘巽浩. 1981. 华北平原地区麦田两熟制的光能利用、作物竞争与产量分析 [J]. 作物学报，7 (1)：63 – 72.
王艳萍，高吉喜，刘尚华，等. 2008. 有机肥对桃园土壤硝态氮分布的影响 [J]. 应用生态学报，19 (7)：1 501 – 1 505.
魏迎春，李新平，刘刚，等. 2008. 杨凌地区大棚土壤硝态氮累积效应研究 [J]. 水土保持学报，22 (2)：174 – 190.
战秀梅，韩晓日，佟晔，等. 2008. 高产施肥条件下玉米的光合特性研究 [J]. 杂粮作物，28 (4)：251 – 254.
张建华，马义勇，王振南，等. 2006. 间作系统中玉米光合作用指标改善的研究 [J]. 玉米科学，14 (4)：104 – 106.
张树兰，同延安，梁东丽，等. 2004. 氮肥用量及施用时间对土体中硝态氮移动的影响 [J]. 土壤学报，41 (1)：270 – 277.
赵秉强. 1996. 间套带状种植小麦的高产机理与技术研究 [D]. 泰安：山东农业大学.
郑广华. 1983. 小麦边行优势的初步研究 [J]. 山东农学院学报，2：13 – 24.
Bergkvist G, Stenberg M, Wetterlind J, et al. 2011. Clover cover crops under – sown in winter wheat increase yield of subsequent spring barley – Effect of N dose and companion grass [J]. Field Crops Research, 120: 292 – 298.
Betencourt E, Duputel M, Colomb B, et al. 2012. Intercropping promotes the ability of durum wheat and chickpea to increase rhizosphere phosphorus availability in a low P soil [J]. Soil Biology & Biochemistry, 46: 181 – 190.
Caviglia O P, Sadras V O, Andrade F H. 2011. Yield and Quality of Wheat and Soybean in Sole – and Double – Cropping [J]. Agronomy Journal, 103: 1 081 – 1 089.
Corre – Hellou G, Fustec J, Crozat Y. 2006. Interspecific competition for soil N and its interaction with N – 2 fixation, leaf expansion and crop growth in pea – barley intercrops [J]. Plant and Soil, 282: 195 – 208.
Jannoura R, Joergensen R G, Bruns C. 2014. Organic fertilizer effects on

growth, crop yield, and soil microbial biomass indices in sole and intercropped peas and oats under organic farming conditions [J]. European Journal of Agronomy, 52: 259 – 270.

Lesoing G W, Francis C A. 1999. Strip intercropping effects on yield and yield components of corn, grain sorghum, and soybean [J]. Agronomy Journal, 91: 807 – 813.

Li C J, Li Y Y, Yu C B, et al. 2011. Crop nitrogen use and soil mineral nitrogen accumulation under different crop combinations and patterns of strip intercropping in northwest China [J]. Plant and Soil, 342: 221 – 231.

Li L, Sun J H, Zhang F S, et al. 2001a. Wheat/maize or wheat/soybean strip intercropping II. Recovery or compensation of maize and soybean after wheat harvesting [J]. Field Crops Research, 71: 173 – 181.

Li L, Sun J H, Zhang F S, et al. 2001b. Wheat/maize or wheat/soybean strip intercropping I. Yield advantage and interspecific interactions on nutrients [J]. Field Crops Research, 71: 123 – 137.

Li Q Z, Sun J H, Wei X J, et al. 2010. Overyielding and interspecific interactions mediated by nitrogen fertilization in strip intercropping of maize with faba bean, wheat and barley [J]. Plant and Soil, 339: 147 – 161.

Lv Y, Francis C, Wu P T, et al. 2014. Maize – Soybean Intercropping Interactions Above and Below Ground [J]. Crop Science, 54: 914 – 922.

Mao L L, Zhang L Z, Zhao X H, et al. 2014. Crop growth, light utilization and yield of relay intercropped cotton as affected by plant density and a plant growth regulator [J]. Field Crops Research, 155: 67 – 76.

Midega C A O, Salifu D, Bruce T J, et al. 2014. Cumulative effects and economic benefits of intercropping maize with food legumes on Striga hermonthica infestation [J]. Field Crops Research, 155: 144 – 152.

Olasantan F O. 1998. Effects of preceding maize (Zea mays) and cowpea (Vigna unguiculata) in sole cropping and intercropping on growth, yield and nitrogen requirement of okra (Abelmoschus esculentus) [J]. Journal of Agricultural Science, 131: 293 – 298.

Paltridge N G, Coventry D R, Tao J, et al. 2014. Intensifying Grain and Fodder Production in Tibet by Using Cereal – Forage Intercrops [J]. Agronomy Journal, 106: 337 – 342.

Prasad R B, Brook R M. 2005. Effect of varying maize densities on intercropped maize and soybean in Nepal [J]. Experimental Agriculture, 41: 365 - 382.

Ramesh P, Ghosh P K, Ajay, et al. 2002. Effects of nitrogen on dry matter accumulation and productivity of three cropping systems and residual effects on wheat in deep vertisols of central India [J]. Journal of Agronomy and Crop Science, 188: 81 - 85.

Thierfelder C, Cheesman S, Rusinamhodzi L. 2012. A comparative analysis of conservation agriculture systems: Benefits and challenges of rotations and intercropping in Zimbabwe [J]. Field Crops Research, 137: 237 - 250.

Wu K X, Fullen M A, An T X, et al. 2012. Above - and below - ground interspecific interaction in intercropped maize and potato: A field study using the "target" technique [J]. Field Crops Research, 139: 63 - 70.

Wu K X, Wu B Z. 2014. Potential environmental benefits of intercropping annual with leguminous perennial crops in Chinese agriculture [J]. Agriculture Ecosystems & Environment, 188: 147 - 149.

Xia H Y, Wang Z G, Zhao J H, et al. 2013. Contribution of interspecific interactions and phosphorus application to sustainable and productive intercropping systems [J]. Field Crops Research, 154: 53 - 64.

Zhang F S, Li L. 2003. Using competitive and facilitative interactions in intercropping systems enhances crop productivity and nutrient - use efficiency [J]. Plant and Soil, 248: 305 - 312.

Zhang L, Spiertz J H J, Zhang S, et al. 2008. Nitrogen economy in relay intercropping systems of wheat and cotton [J]. Plant and Soil, 303: 55 - 68.

Zuo Y M, Zhang F S. 2008. Effect of peanut mixed cropping with gramineous species on micronutrient concentrations and iron chlorosis of peanut plants grown in a calcareous soil [J]. Plant and Soil, 306: 23 - 36.

第五章　玉米与大豆最佳条带配比降低土壤氮残留的效应与机制

我国人口不断增加，预计到2030年将达到16亿，这意味着粮食年增长率要稳定在5.8亿吨左右（Fan et al.，2012），在资源耗竭、环境污染加剧的前提下，粮食生产面临着巨大挑战（Godfray et al.，2010）。华北平原是我国重要的粮食产区，但长期过量施氮导致的土壤氮素积累已经成为农田面源氮污染的重要原因，为同时保障作物产量和环境效益，必须提高农业资源利用率和土地产出率，而间作种植是实现这一目标的有效方法之一。间作种植系统不但可以增加作物产量（altridge et al.，2014），还具有巨大的环境服务和生态安全功能（Wu and Wu，2014），对保证粮食安全和农业可持续发展具有重要作用（Zhang et al.，2004）。间作种植模式下，地上部茎叶和地下部根系均同时存在种间互利和种间竞争现象，其中种间竞争的存在是形成间作优势的关键（Li et al.，2001a；Li et al.，2001b），作物对水分、养分的竞争能力对产量形成的影响很大（Thorsted et al.，2006）。根系可以通过截获、质流等过程吸收养分（Semere and Froud－Williams，2001），但根系活力受地下部作物根系相互作用的影响，也与地上部作物叶面积、叶绿素含量、光合速率等密切相关（Zhang et al.，2013a），种间隔根法是研究地上部和地下部因素对间作优势相对贡献的有效方法（Zhang et al.，2013b）。间作优势来源于地上部和地下部的共同作用，隔根研究表明根系竞争养分对间作优势的相对贡献高于地上部的光热竞争（Lv et al.，2014；吕越等，2014），但也有研究认为，地上部作用对间作优势的影响高于地下部因素，如小麦大豆间作体系粮食产量增加了53%，而地下部因素仅贡献了23%（Zhang and Li，2003），大麦玉米间作系统产量优势也主要来自地上部贡献80%，而地下部贡献仅为20%（刘广才等，2005）。与单作种植相比，间作种植模式能充分利用光、热、土地、土壤养分等各种资源（Zhang et al.，2013a），其中禾本科与豆科间作是最常见并且间作优势最突出的种植模式（Lithourgidis et al.，2011），它不但可以提高作物产量和土地利用率（Ghosh，2004；Dhima et al.，2007），还能有效控制作物病虫害（Hummel et al.，2009）、提高作物整体吸氮量（Li et al.，2003）、降低土壤氮素残留（Huang et al. , 2011)。华北平原夏播季以玉米单作种植为主，长期过量施氮较为普遍，但玉米产量不高且环境风险严重（Jin et al. , 2012），因此，进行夏播玉米大豆间作种植有利于实现产量和环境效益的双赢，然而对于该地区间作种植是否能够降低土壤氮残留尚未见详细报道。本研究针对第四章所确定的玉米‖大豆 4∶6 间作种植模式，设置了不同的单作对照，分析了玉米大豆间作对作物产量、吸氮量和土壤硝态氮残留的影响，通过对间作系统进行种间根系分隔，明确了间作地上部和地下部因素对间作优势的相对贡献率，为复合群体资源利用和土地生产力的提高提供了科学依据。

一、不同种植模式的生物量

间作种植提高了玉米生物量，而对大豆生物量提高幅度不大，其中地上部增产贡献率大于地下部（表 5－1）。与作物单作（T1 和 T2）种植相比，无论根系分隔还是不分隔，间作种植模式（T3 和 T4）可以显著提高播种 57d（抽雄期）以后的玉米生物量（$P<0.05$），但对间作大豆并无明显的增产效果，并且从播种后 26d 到播种后 57d（抽雄期），间作大豆生物量一直低于单作种植。播种后 26d，间作玉米生物量与单作玉米差异不显著；播种后 57d 起，间作优势显现出来，间作玉米生物量可以提高 50.1%，其中地上部和地下部的增产贡献率分别为 68.8% 和 31.3%；播种后 104d，间作玉米生物量提高了 55.6%，其中地上部和地下部的增产贡献率分别为 81.6% 和 18.4%。

表 5－1 不同种植模式下的玉米和大豆生物量

处理/播种后天数（d）	玉米生物量（kg/hm²）			大豆生物量（kg/hm²）		
	26	57	104	26	57	104
T1 玉米单作	414 a	5 489 b	15 703 b		—	
T2 大豆单作		—		764 a	4 956 a	5 822 a
T3 玉米‖大豆 4∶6 根部不分隔	480（240）a	8 242（4 121）a	24 441（12 221）a	706（353）a	4 989（2 495）a	6 548（3 274）a
T4 玉米‖大豆 4∶6 根部分隔	426（213）a	7 381（3 690）a	22 830（11 415）a	720（360）a	4 817（2 409）a	6 717（3 358）a

注：括号中的数值表示玉米和大豆间作时，间作作物的实收生物量；同一栏内不同字母表示在 0.05 水平上的显著性

相对单作种植，间作种植模式具有明显的产量优势，无论根系分隔还是不分隔，间作模式的土地当量比（LER）均大于1，间作种植土地利用率可以提高30%，其中地上部的贡献率为27%（表5-2）。间作可以显著提高玉米产量，2011年试验结果显示，单位种植面积上，间作玉米产量比单作提高了57.9%，其中地上部因素贡献了83.4%，地下部增产贡献率16.6%；同时，间作对大豆产量没有显著影响（$P<0.05$）。2012年的产量优势验证监测结果与2011年结果基本一致，间作种植具有明显的优势，土地当量比均大于1，其中地上部因素的增产贡献率更加明显，单位种植面积上，间作玉米产量比单作提高了58.1%，其中地上部因素贡献了90.0%，地下部增产贡献率10.0%。

表5-2 不同种植模式下的玉米和大豆产量

年度	处理	玉米产量（kg/hm^2）	大豆产量（kg/hm^2）	LER
2011	T1 玉米单作	9 630 b	—	—
	T2 大豆单作	—	3 776 a	—
	T3 玉米‖大豆4:6根部不分隔	15 210（7 605）a	3 830（1 915）a	1.30
	T4 玉米‖大豆4:6根部分隔	14 286（7 143）a	3 964（1 982）a	1.27
2012	T1 玉米单作	9 453 b	—	—
	T2 大豆单作	—	4 248 a	—
	T3 玉米‖大豆4:6根部不分隔	14 946（7 473）a	4 404（2 202）a	1.31
	T4 玉米‖大豆4:6根部分隔	14 396（7 198）a	4 386（2 193）a	1.28

注：括号中的数值表示玉米和大豆间作时，间作作物的实收产量；2012年数据为间作产量优势验证试验结果；同一栏内不同字母表示在0.05水平上的显著性

二、不同种植模式的整体吸氮量

间作种植模式的玉米吸氮量相对单作显著提高，但间作对大豆吸氮量的影响并不显著（$P<0.05$），并且地上部对吸氮量增加的贡献率大于地下部（表5-3）。与单作（T1和T2）种植相比，播种后57d间作优势显现出来，间作玉米吸氮量提高了41.2%，其中地上部和地下部的增产贡献率分别为59.9%和40.1%；播种后104d，间作玉米吸氮量提高了61.7%，其中地上部和地下部的增产贡献率分别为75.7%和24.3%。

表 5－3　不同种植模式下的玉米和大豆吸氮量

处理/播种后天数（d）	玉米吸氮量（kg/hm²）			大豆吸氮量（kg/hm²）		
	26	57	104	26	57	104
T1 玉米单作	12.2 a	93.3 b	159.7 b		—	
T2 大豆单作		—		22.7 a	136.4 a	236.9 a
T3 玉米‖大豆 4∶6 根部不分隔	14.2（7.12） a	131.7（65.9） a	258.3（129.2） a	24.7（12.4） a	132.07（66.0） a	253.9（126.9） a
T4 玉米‖大豆 4∶6 根部分隔	13.8（6.89） a	116.3（58.1） ab	234.3（117.2） a	25.9（12.9） a	129.42（64.7） a	259.8（129.9） a

注：括号中的数值表示玉米和大豆间作时间作作物的实际吸氮量；同一栏内不同字母表示在 0.05 水平上的显著性

三、不同种植模式的土壤水分含量

无论是 0～20cm 还是 20～40cm 土层，作物生育期间，各作物条带土壤含水量均呈先升高后降低的变化趋势（图 5－1）。作物收获后，玉米单作种植的土壤含水量均高于间作玉米条带，隔根玉米条带土壤含水量显著低于不隔根的玉米条带，这说明间作玉米水分消耗高于单作玉米，但间作种植的种间根系相互作用有助于减少间作玉米水分消耗。单作与间作大豆 0～20cm 土壤含水量无显著差异，隔根与否对间作大豆土壤含水量无显著影响，并且间作玉米条带土壤含水量显著低于与之间作的大豆条带，这说明间作玉米水分消耗高于间作大豆，但间作种植对大豆水分消耗无显著影响。

四、不同种植模式的土壤硝态氮含量

各生育期各作物条带 0～20cm 土壤硝态氮含量均高于 20～40cm，0～20cm 土壤硝态氮含量从播种至抽雄期不断下降，但拔节期追施氮肥后，土壤硝态氮含量开始上升，其中玉米单作种植追肥后的上升最为明显，20～40cm 土壤硝态氮含量自播种到收获呈不断下降趋势（图 5－2）。灌浆期，单作玉米与两种间作玉米条带的土壤硝态氮含量均无显著差异，但收获后的单作玉米土壤硝态氮含量显著高于间作玉米，而隔根与否对间作玉米条带硝态氮含量无显著影响。灌浆期，单作大豆与两种间作大豆条带的土壤硝态氮含量无显著差异，但收获的单作大豆土壤硝态氮含量显著低于不隔根的间作

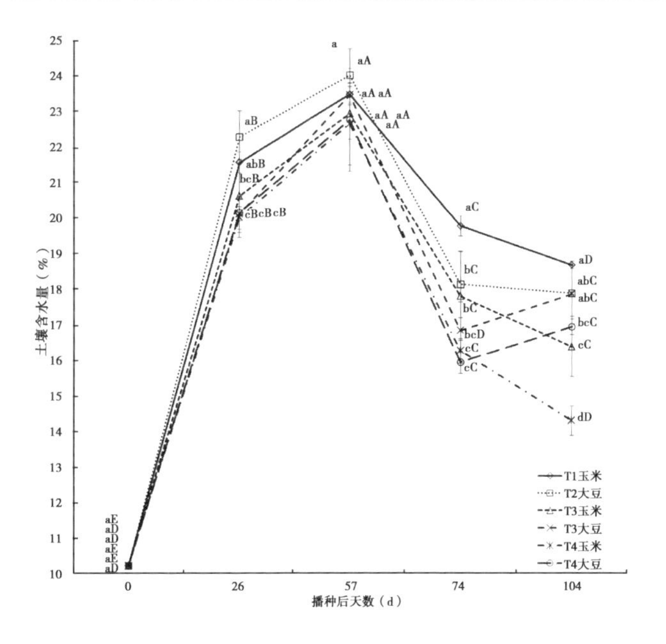

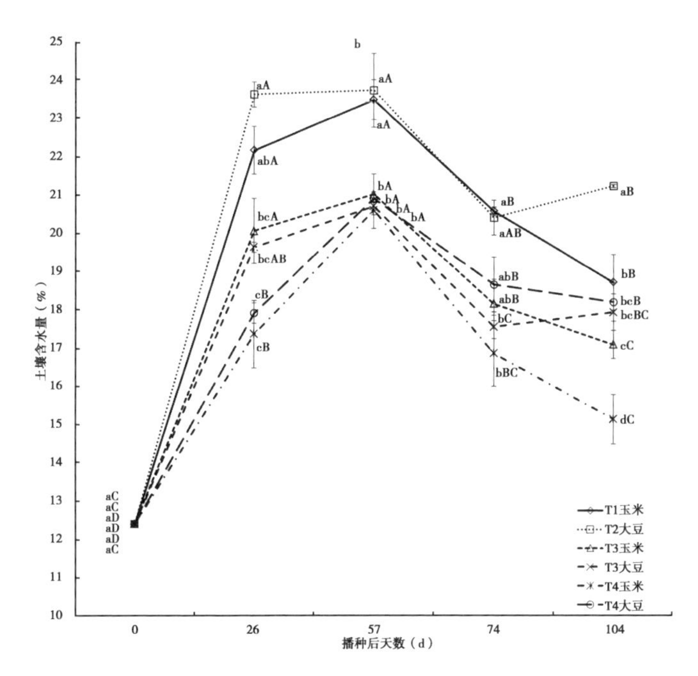

图5－1　不同种植模式下各作物条带土壤含水量

（a：0～20cm；b：20～40cm。不同小写字母表示同一天内不同处理土壤含水量在0.05水平上的显著性，大写字母表示同一处理不同时间的土壤含水量在0.05水平上的显著性）

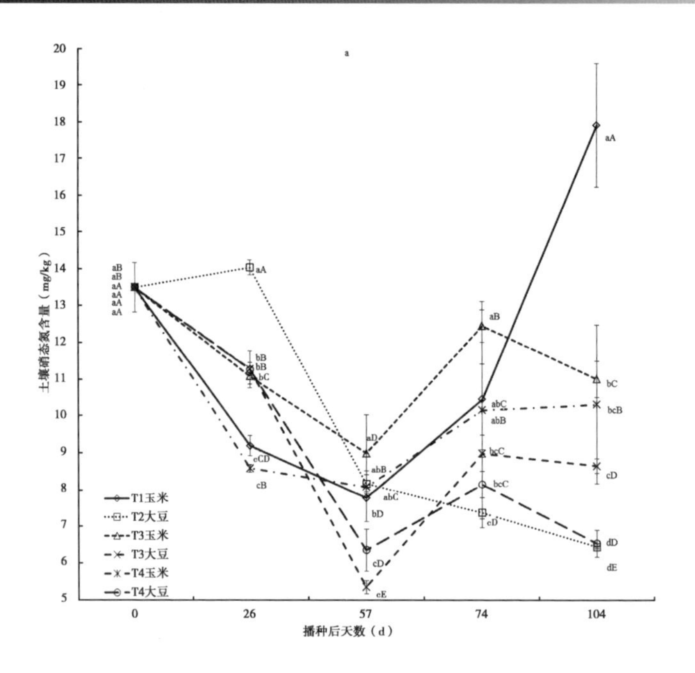

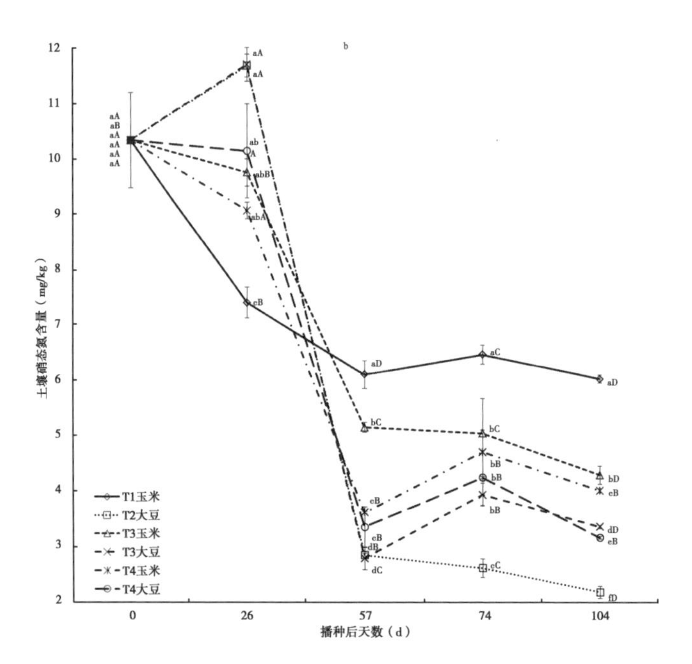

图5－2　单作和间作种植各作物条带土壤硝态氮含量

（a：0～20cm；b：20～40cm。不同小写字母表示同一天内不同处理土壤硝态氮含量在0.05水平上的显著性，大写字母表示同一处理不同时间的土壤土壤硝态氮含量在0.05水平上的显著性）

大豆，却与隔根的间作大豆无显著差异。灌浆期至成熟期，不隔根间作玉米土壤硝态氮含量显著下降而隔根玉米条带无显著变化，不隔根大豆条带土壤硝态氮含量无显著变化，而隔根大豆条带土壤硝态氮含量显著下降，这说明间作种植地下部氮素有从玉米条带向大豆条带迁移的可能，从而提高了间作大豆条带土壤硝态氮含量。此外，玉米条带土壤硝态氮含量显著高于大豆条带，这主要是因为玉米施氮量高于大豆施氮量。

五、不同种植模式的后茬小麦产量与氮利用效应

无论夏播单作种植还是间作种植，其后茬作物（冬小麦）产量和吸氮量之间无显著差异（$P<0.05$），根系分隔与否对后茬作物产量和吸氮量的影响也不显著（表5－4）。

表5－4　不同夏播种植模式的后茬农学效应

夏播处理	后茬作物	后茬作物产量（kg/hm^2）	后茬作物吸氮量（kg/hm^2）
T1 玉米单作	小麦	7 397 a	228.9 a
T2 大豆单作	小麦	7 187 a	209.6 a
T3 玉米‖大豆4：6 根部不分隔	小麦	7 408 a	217.3 a
T4 玉米‖大豆4：6 根部分隔	小麦	7 513 a	232.7 a

注：同一栏内不同字母表示在0.05 水平上的显著性

夏播间作种植可以显著降低后茬小麦收获后0～100cm 土壤硝态氮残留量（表5－5）。相对玉米单作，T2、T3、T4 小麦收获后0～100cm 土壤硝态氮残留量分别降低了39.0%、42.3%、32.8%，但后三者小麦收获后的土壤硝态氮残留量无显著差异。间作系统地上部和地下部对降低后茬作物收获后土壤硝态氮残留量均有贡献，但隔根与否对后茬土壤硝态氮残留影响不大，说明间作种植地上部相互作用（77.5%）对土壤硝态氮残留的影响大于地下部（22.5%）。此外，无论隔根与否，间作玉米条带各土层的硝态氮残留量均高于大豆条带，并且随着土壤深度的增加，各作物条带土壤硝态氮残留量不断减少，上层土壤（0～40cm）硝态氮残留量比例大，均占0～100cm 土壤硝态氮残留量的50%以上。

表 5-5　不同夏播种植模式对后茬小麦收获后土壤硝态氮残留的影响

夏季处理/土层（cm）		后茬作物收获后土壤硝态氮残留量（kg/hm²）					
		0~20	20~40	40~60	60~80	80~100	0~100
T1 玉米单作	玉米单作	66.7 a	51.9 b	34.3 c	26.9 c	26.0 c	205.8 A
T2 大豆单作	大豆单作	41.2 a	29.0 b	24.3 c	18.3 d	12.7 e	125.5 B
T3 玉米‖大豆 4:6 根部不分隔	玉米条带	32.9 a	27.2 b	23.0 c	6.4 d	33.8 a	118.6 B
	大豆条带	25.0 b	26.6 ab	21.0 c	27.7 a	13.7 d	
T4 玉米‖大豆 4:6 根部分隔	玉米条带	45.1 a	42.2 a	28.3 b	25.2 b	25.7 b	138.2 B
	大豆条带	28.7 a	26.0 b	20.1 c	14.9 d	20.2 c	

注：不同小写字母表示同一行内土壤硝态氮残留量在0.05水平上的显著性，大写字母表示0~100栏内土壤硝态氮残留量在0.05水平上的显著性

六、讨论

相对传统的等行距玉米种植模式，宽窄行种植模式的产量更高、经济效益更好（张继宗等，2010），为确定间作种植是否真的存在优势，故研究中将效益更好的玉米宽窄行单作种植模式作为对照。但考虑单作种植与间作种植对空间资源利用的差异，为保证间作种植模式效益最大化，在设置间作种植模式时，不能简单地将两种单作种植参数融合在一起，而应该对间作玉米条带和大豆条带种植参数进行优化（Zhang et al.，2007），因此本研究的间作模式作物条带均采用了等行距种植方式。尽管玉米在单作和间作条件下种植密度不一致，但通过对比不同种植模式之间的整体产量差异，仍可以判断间作种植是否存在间作优势（沈其荣等，2004）。

玉米与大豆间作种植地上部高矮相间，扩大了太阳辐射覆盖面积，有助于作物光热资源利用（Yang et al.，2014），也有利于空气流通从而促进光合作用（Zhang et al.，2013）。玉米根系较深，而大豆根系较浅，两种间作作物交界带根系交错，可以充分利用土壤空间，有助于作物对土壤水分和养分的吸收利用（Gao et al.，2010；Neykova et al.，2011）。特别是豆科作物具有固氮功能，不但保证了自身氮素需求（Yu et al.，2010），还能将固定的氮素转运到与之间作的作物根部（Chu et al.，2004）。在间作体系地上部

和地下部因素的共同作用下，间作优势显现出来（Lv et al.，2014），间作作物生物量、产量和吸氮量也得以提高。本研究发现，间作种植可以显著提高抽雄期以后的间作玉米生物量、产量和吸氮量（$P<0.05$），这主要是由于，作物生长初期的地上部空间互补优势和地下部根系互惠作用均未形成，而随着作物的生长，地上部和地下部的种间相互作用不断加强，间作优势逐渐显现出来。有研究认为地下部养分吸收对间作优势的贡献高于地上部光热资源的利用（Lv et al.，2014），这与本研究结果正好相反，原因可能在于本研究中，长期玉米单作种植条件下，过量施氮造成的土壤氮素残留（Fan et al.，2003）为作物生长提供了充足的养分，使得间作作物间的养分竞争减弱，因此间作种植创造的种间根系互利作用并未完全发挥（Chu et al.，2004）。

间作对土壤水分的利用率高于单作（Lehmann et al.，1998），可以明显降低土壤有效水含量（Celette et al.，2005），本研究间作玉米土壤含水量显著低于单作玉米，并且间作种植的种间根系相互作用有助于减少间作玉米水分消耗，但是否间作、是否隔根均对大豆水分消耗无显著影响。间作体系相对单作种植可以显著降低土壤硝态氮残留量（Zhou et al.，1997a），本研究中间作种植也降低了玉米条带土壤硝态氮含量，这可能主要与间作种植促进了玉米氮素吸收有关（Zhou et al.，1997b）。玉米施氮量高于大豆，间作玉米与间作大豆按单作种植时施氮量分别施肥，则间作模式单位面积的实际施氮量远低于玉米单作种植，这在一定程度上有助于减少土壤硝态氮残留。隔根与否对间作玉米土壤硝态氮含量无显著影响，但不隔根间作大豆土壤硝态氮含量显著高于隔根大豆条带，这一方面是可能存在玉米条带氮素向大豆条带的迁移，一方面由于玉米条带氮素残留仍然较多，从而掩盖了间作根系相互作用对土壤氮素的高效利用（Ziadi et al.，2012）。夏季无论单作种植还是间作种植，其后茬作物产量和吸氮量均无显著差异，但相对玉米单作，夏播间作模式显著降低了后茬作物收获后土壤硝态氮残留，这也与间作系统实际施氮量少于玉米单作有关，但更主要的原因还在于，间作系统通过地上部和地下部综合作用增加了氮素吸收而降低了土壤硝态氮的残留（叶优良等，2005a，2005b）。

七、结论

相对作物单作种植模式，夏播间作种植模式的产量优势明显，玉米大豆间作种植的土地当量比（LER）大于1，间作模式总吸氮量（256.1kg/hm^2）显著高于玉米单作种植（159.7kg/hm^2）。玉米大豆间作主要通过促进玉米生长和氮素吸收来提高间作系统生产能力，地上部因素对间作优势的贡献大于地下部因素，其中地上部因素对间作玉米生物量、产量和吸氮量提高的贡献率分别为81.6%、83.4%和75.7%，而地下部因素的贡献率仅为18.4%、16.6%和24.3%。间作玉米条带土壤含水量显著低于单作玉米，隔根间作玉米土壤含水量显著低于不隔根间作玉米，单作大豆与间作大豆土壤含水量无显著差异，隔根对间作大豆土壤含水量无显著影响。相对单作种植，间作系统降低了玉米收获后各层土壤硝态氮含量，而提高了大豆条带土壤硝态氮含量；相对不隔根处理，间作隔根对玉米土壤硝态氮含量影响不大，但降低了间作大豆土壤硝态氮含量。夏季无论是单作种植还是间作种植，其后茬小麦产量和吸氮量均无显著差异，但夏播间作种植模式可以显著降低小麦收获后土壤硝态氮残留量（$P<0.05$）。相对玉米单作，间作种植的后茬小麦收获后0~100cm土壤硝态氮残留量降低了87.2kg/hm^2，其中地上部因素贡献率为77.5%，地下部因素对此贡献仅为22.5%。

参考文献

刘广才，李隆，黄高宝，等.2005. 大麦/玉米间作优势及地上部和地下部因素的相对贡献研究［J］.中国农业科学（09）：1 787－1 795.
吕越，吴普特，陈小莉，等.2014. 地上部与地下部作用对玉米/大豆间作优势的影响［J］.农业机械学报（01）：129－136，142.
沈其荣，褚贵新，曹金留，等.2004. 从氮素营养的角度分析旱作水稻与花生间作系统的产量优势［J］.中国农业科学（08）：1 177－1 182.
叶优良，李隆，孙建好，等.2005. 地下部分隔对蚕豆/玉米间作氮素吸收和土壤硝态氮残留影响［J］.水土保持学报（03）：13－16，53.
叶优良，孙建好，李隆，等.2005. 小麦/玉米间作根系相互作用对氮素吸收和土壤硝态氮含量的影响［J］.农业工程学报（11）：41－45.

张继宗，张亦涛，左强，等. 2010. 北方设施菜地夏季休闲期甜玉米最佳行株距和播期研究 [J]. 玉米科学 (06)：98－101.

Celette F, Wery J, Chantelot E, et al. 2005. Belowground interactions in a vine (Vitis vinifera L.) －tall fescue (Festuca arundinacea Shreb.) intercropping system: Water relations and growth [J]. Plant and Soil, 276 (1－2): 205－217.

Chu G X, Shen Q R, Cao J L. 2004. Nitrogen fixation and N transfer from peanut to rice cultivated in aerobic soil in an intercropping system and its effect on soil N fertility [J]. Plant and Soil, 263 (1－2): 17－27.

Dhima K V, Lithourgidis A S, Vasilakoglou I B, et al. 2007. Competition indices of common vetch and cereal intercrops in two seeding ratio [J]. Field Crops Research, 100 (2－3): 249－256.

Fan J, Hao M D, Shao M A. 2003. Nitrate accumulation in soil profile of dry land farming in northwest China [J]. Pedosphere, 13 (4): 367－374.

Fan M S, Shen J B, Yuan L X, et al. 2012. Improving crop productivity and resource use efficiency to ensure food security and environmental quality in China [J]. Journal of Experimental Botany, 63 (1): 13－24.

Gao Y, Duan A W, Qiu X Q, et al. 2010. Distribution of roots and root length density in a maize/soybean strip intercropping system [J]. Agricultural Water Management, 98 (1): 199－212.

Ghosh P K. 2004. Growth, yield, competition and economics of groundnut/cereal fodder intercropping systems in the semi－arid tropics of India [J]. Field Crops Research, 88 (2－3): 227－237.

Godfray H C J, Beddington J R, Crute I R, et al. 2010. Food Security: The Challenge of Feeding 9 Billion People [J]. Science, 327 (5 967): 812－818.

Huang J X, Sui P, Nie S W, et al. 2011. Effect of maize－legume intercropping on soil nitrate and ammonium accumulation [J]. Journal of Food Agriculture & Environment, 9 (3－4): 416－419.

Hummel J D, Dosdall L M, Clayton G W, et al. 2009. Canola－Wheat Intercrops for Improved Agronomic Performance and Integrated Pest Management [J]. Agronomy Journal, 101 (5): 1 190－1 197.

Jin L B, Cui H Y, Li B, et al. 2012. Effects of integrated agronomic management practices on yield and nitrogen efficiency of summer maize in North China [J]. Field Crops Research, 134: 30 – 35.

Lehmann J, Peter I, Steglich C, et al. 1998. Below – ground interactions in dryland agroforestry [J]. Forest Ecology and Management, 111 (2 – 3): 157 – 169.

Li L, Sun J H, Zhang F S, Li X L, et al. 2001. Wheat/maize or wheat/soybean strip intercropping II. Recovery or compensation of maize and soybean after wheat harvesting [J]. Field Crops Research, 71 (3): 173 – 181.

Li L, Sun J H, Zhang F S, Li X L, et al. 2001. Wheat/maize or wheat/soybean strip intercropping I. Yield advantage and interspecific interactions on nutrients [J]. Field Crops Research, 71 (2): 123 – 137.

Li L, Zhang F S, Li X L, et al. 2003. Interspecific facilitation of nutrient uptake by intercropped maize and faba bean [J]. Nutrient Cycling in Agroecosystems, 65 (1): 61 – 71.

Lithourgidis A S, Vlachostergios D N, Dordas C A, et al. 2011. Dry matter yield, nitrogen content, and competition in pea – cereal intercropping systems [J]. European Journal of Agronomy, 34 (4): 287 – 294.

Lv Y, Francis C, Wu P T, et al. 2014. Maize – Soybean Intercropping Interactions Above and Below Ground [J]. Crop Science, 54 (3): 914 – 922.

Neykova N, Obando J, Schneider R, et al. 2011. Vertical root distribution in single – crop and intercropping agricultural systems in Central Kenya [J]. Journal of Plant Nutrition and Soil Science, 174 (5): 742 – 749.

Paltridge N G, Coventry D R, Tao J, et al. 2014. Intensifying Grain and Fodder Production in Tibet by Using Cereal – Forage Intercrops [J]. Agronomy Journal, 106 (2): 337 – 342.

Semere T, Froud – Williams R J. 2001. The effect of pea cultivar and water stress on root and shoot competition between vegetative plants of maize and pea [J]. Journal of Applied Ecology, 38 (1): 137 – 145.

Thorsted M D, Weiner J, Olesen J E. 2006. Above – and below – ground competition between intercropped winter wheat Triticum aestivum and white clover Trifolium repens [J]. Journal of Applied Ecology, 43 (2): 237 - 245.

Wu K X, Wu B Z. 2014. Potential environmental benefits of intercropping annual with leguminous perennial crops in Chinese agriculture [J]. Agriculture Ecosystems & Environment, 188: 147 - 149.

Yang F, Huang S, Gao R C, et al. 2014. Growth of soybean seedlings in relay strip intercropping systems in relation to light quantity and red: far - red ratio [J]. Field Crops Research, 155: 245 - 253.

Yu C B, Li Y Y, Li C J, et al. 2010. An improved nitrogen difference method for estimating biological nitrogen fixation in legume - based intercropping systems [J]. Biology and Fertility of Soils, 46 (3): 227 - 235.

Zhang F, Shen J, Li L, Liu X. 2004. An overview of rhizosphere processes related with plant nutrition in major cropping systems in China [J]. Plant and Soil, 260 (1 - 2): 89 - 99.

Zhang F S, Li L. 2003. Using competitive and facilitative interactions in intercropping systems enhances crop productivity and nutrient - use efficiency [J]. Plant and Soil, 248 (1 - 2): 305 - 312.

Zhang L, Spiertz J H J, Zhang S, et al. 2007. Nitrogen economy in relay intercropping systems of wheat and cotton [J]. Plant and Soil, 303 (1 - 2): 55 - 68.

Zhang X, Huang G, Bian X, Zhao Q. 2013. Effects of root interaction and nitrogen fertilization on the chlorophyll content, root activity, photosynthetic characteristics of intercropped soybean and microbial quantity in the rhizosphere [J]. Plant Soil and Environment, 59 (2): 80 - 88.

Zhang X Q, Huang G Q, Bian X M, et al. 2013. Effects of nitrogen fertilization and root interaction on the agronomic traits of intercroppedmaize, and the quantity of microorganisms and activity of enzymes in the rhizosphere [J]. Plant and Soil, 368 (1 - 2): 407 - 417.

Zhou X M, MacKenzie A F, Madramootoo C A, et al. 1997. Management practices to conserve soil nitrate in maize production systems [J]. Journal of Environmental Quality, 26 (5): 1 369 - 1 374.

Zhou X M, Madramootoo C A, MacKenzie A F, et al. 1997. Biomass production and nitrogen uptake in corn – ryegrass systems [J]. Agronomy Journal, 89 (5): 749 – 756.

Ziadi N, Belanger G, Claessens A. 2012. Relationship between soil nitrate accumulation and in – season corn N nutrition indicators [J]. Canadian Journal of Plant Science, 92 (2): 331 – 339.

第六章　玉米与大豆最佳条带配比追施氮量对产量和土壤硝态氮的影响

集约化单作种植模式下，生产资料的高投入尤其是化肥的过量施用带来了日益严峻的大气、土壤、水等各种环境问题（Zhang et al.，2004），并且同一块土地上，长期单一种植相同作物也会导致土地利用率和生物多样性的降低。而合理的间作可以优化作物配置，克服作物单一种植的劣势，充分利用水肥气热等自然资源，是农业生产中效益较高的种植模式（Dapaah et al.，2003）。已有研究表明，合理的间作能提高农业生态系统的稳定性，增强生态系统抗逆能力（Sastawa et al.，2004）。

间作是指在同一块土地上同时种植两种或两种以上作物的种植模式，豆科作物与禾本科作物间作是最重要、最常见的间作种植模式（Li et al.，2011）。在我国，禾本科的玉米与豆科作物大豆都适于夏季生长，其生育期也相近，两者之间的高度差也保证了光热资源的有效利用，因此玉米与大豆间作成为我国农业生产中常见的种植模式（Gao et al.，2010；Xia et al.，2013）。间作种植系统中，禾本科作物竞争资源的能力高于豆科作物，尤其是禾本科作物吸收土壤无机氮的能力很强（Jensen，1996），促使与之间作的豆科作物固定更多的大气氮，因此间作豆科作物中的总氮来源于生物固定的比例要高于豆科作物单作种植（Hauggaard - Nielsen et al.，2003）。生产实践中，为了最大限度地提高作物产量，即使是间作种植系统往往也要投入适量的氮肥，间作种植涉及两种以上作物，而这两种作物的氮素需求量往往不同，玉米需氮量远远高于大豆，因而在确定施氮量时，必须同时考虑各种作物氮素需求以及作物间的相互影响。理论上基于种间互利的间作种植可以促进氮素高效利用（Hauggaard - Nielsen and Jensen，2001），缓解施氮对豆科根瘤菌形成和固氮作用的抑制效应（Li et al.，2009），然而过多的氮肥施用在一定程度上仍会抑制豆科作物的固氮作用（van Kessel and Hartley，2000）。

目前，有关间作对作物产量、吸氮量以及土壤氮残留风险的研究较多，但在玉米和大豆需氮规律不同的情况下，探索间作系统各作物合理施氮量的研究较少。本研究以第四章所确定的4行玉米与6行大豆间作种植模式为研究对象，在玉米和大豆施用同量基肥的基础上，分析了玉米追施氮量不同对生育期间作物和土壤及其后茬作物的影响，旨在为确定间作系统优化施氮方式提供科学依据。

一、不同种植模式的生物量

追肥前，无论玉米还是大豆，各处理的生物量之间无差别；播种后40d（玉米拔节期）仅在玉米条带上追施氮肥，追施氮量对此后各生育阶段的大豆生物量均无任何显著影响，并且追施氮量的多少对玉米抽雄期和成熟期的生物量也无显著影响（图6－1）。无论是播种后57d（玉米抽雄期）还是播种后104d（玉米成熟期），不追施氮肥（N0）、N75（追施氮75kg/hm^2）和N180（180kg/hm^2）的玉米生物量之间相差不大，均无显著性差异（$P<0.05$）。

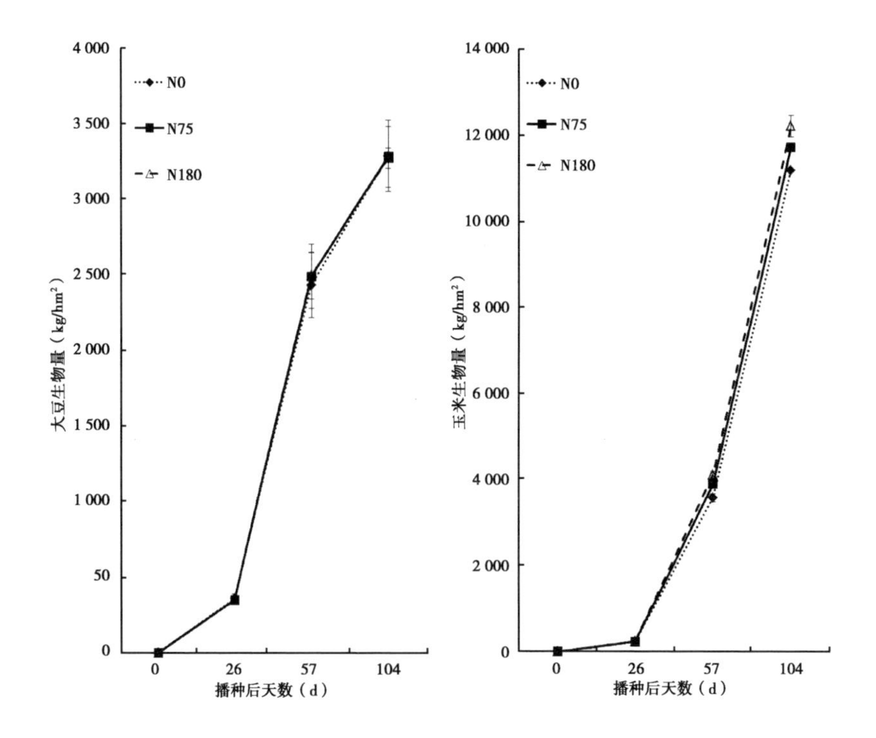

图6－1　不同种植模式的玉米与大豆生物量

（播种后26d：玉米小喇叭口期；57d：玉米抽雄期；74d：玉米灌浆期；104d：玉米成熟期）

与不同追施氮量对成熟期玉米和大豆生物量造成的影响结果相似（表6－1），N0（不追施氮肥）、N75（追施氮75kg/hm²）和N180（追施氮180kg/hm²）对成熟期的玉米产量和大豆产量均无显著性影响（$P<0.05$）。这说明，由于间作种植优势的存在，在当前土壤肥力水平下（播前0～100cm土壤硝态氮残留量90.8kg/hm²），只施用基肥而不再追施氮肥（N0）即可满足玉米各关键生育期氮素需求，追施氮肥并不能使各生育阶段玉米生物量显著增加。此外，各处理大豆生育期间的施氮量均相同，其产量之间也无显著差异。

表6－1　不同种植模式的玉米与大豆产量

处理	玉米（kg/hm²）	大豆（kg/hm²）
N0	6 978 a	3 285 a
N75	7 294 a	3 280 a
N180	7 605 a	3 274 a

注：每一列的不同字母代表 $P<0.05$ 水平上差异的显著性

二、不同种植模式的吸氮量

追肥前，无论玉米还是大豆，各处理的吸氮量之间无差别，作物播种后40d，玉米条带追施氮量的多少对抽雄期（播种后57d）和成熟期（播种后104d）玉米和大豆的吸氮量仍无明显影响（表6－2）。作物收获后，N0、N75和N180三种间作种植模式的总吸氮量之间也无显著差异（$P<0.05$），尤其是N75和N180两个处理仅相差5.81kg/hm²，这说明玉米条带施氮量的多少对间作种植系统整体吸氮量无显著影响。

表6－2　不同种植模式的玉米与大豆吸氮量

处理＼播种后天数（d）	玉米吸氮量（kg/hm²）			大豆吸氮量（kg/hm²）			总吸氮量（kg/hm²）
	26	57	104	26	57	104	104
N0	6.99 a	55.67 a	109.82 a	12.33 a	61.42 a	129.26 a	239.08 a
N75	6.95 a	62.58 a	119.53 a	12.27 a	66.35 a	130.75 a	250.29 a
N180	7.12 a	65.87 a	129.15 a	12.36 a	66.04 a	126.94 a	256.10 a

注：每一列的不同字母代表 $P<0.05$ 水平上差异的显著性

三、不同种植模式的土壤水分含量

从作物播种到成熟收获，各处理下各作物条带土壤（0～20cm 和 20～40cm）含水量之间差异不大，并且变化趋势大体一致（图 6－2）。各土层土壤含水量的变化大体可以分为三个阶段：作物播种时，所有处理下的各作物条带土壤含水量均很低，从播种到玉米抽雄期，各作物条带的土壤含水量一直增加，从播种时的 10.22% 增加小喇叭口期的 21.69%（所有作物条带平均值，下同）再增加到抽雄期的 23.64%；抽雄期至玉米灌浆期，各作物条带土壤含水量不断下降，直至 17.24% 左右；灌浆期至成熟期，各作物条带土壤含水量均维持在一个较低的水平上（约 17.31%）。作物生长过程中，0～20cm 与 20～40cm 的土壤含水量略有差别。播种时，上层土壤含水量低于下层土壤含水量，但在玉米小喇叭口期至抽雄期，上层土壤含水量开始高于下层土壤含水量，而从玉米灌浆期至成熟期，0～20cm 与 20～40cm 的土壤含水量趋于一致。

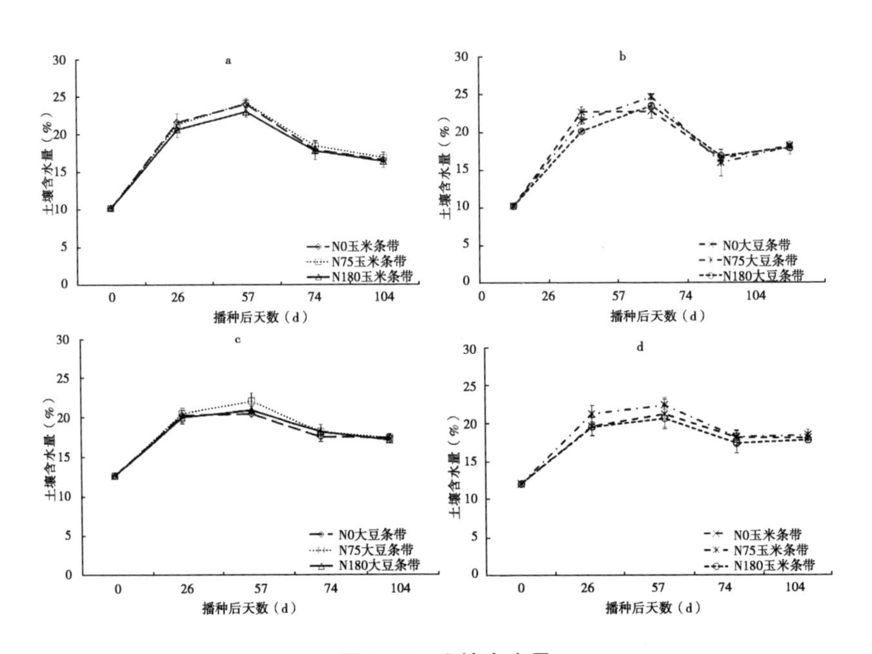

图 6－2　土壤含水量

（a：0～20cm 玉米条带；b：0～20cm 大豆条带；
c：0～20cm 玉米条带；d：0～20cm 大豆条带）

四、不同种植模式的土壤硝态氮含量

拔节期（播种后40d）追施氮肥（N75，N180）显著增加了玉米条带各层土壤硝态氮含量，并随追施氮量的增加而增加，而N0玉米条带的土壤硝态氮含量在抽雄期（播种后57d）至成熟期变化幅度不大；大豆条带也受到了追施氮肥措施的影响，N180大豆条带土壤硝态氮含量也高于其他处理（图6－3）。从播种到玉米抽雄，0～20cm土壤硝态氮含量一直降低，直到追施氮肥后，土壤硝态氮含量开始有所增加，而20～40cm的土壤硝态氮含量整体上一直呈下降趋势。无论是0～20cm还是20～40cm，N180的玉米条带土壤硝态氮含量最高，N75的玉米条带土壤硝态氮含量次之，两者均高于N0玉米条带土壤硝态氮含量。此外，作物各生育阶段，0～20cm土壤硝态氮含量一直高于20～40cm土壤硝态氮含量，并且表层土层硝态氮含量受追施氮肥措施的影响大于20～40cm土层。这说明追施氮肥补充了玉米生长前期消耗的土壤氮素，并且玉米条带追施氮量越多，其表层土壤硝态氮含量增加越多，由于大豆条带并不追施氮肥，各处理中各层土壤硝态氮含量差别不大。

五、不同种植模式的土壤硝态氮残留量

作物收获后，不追施氮肥（N0）的玉米条带0～40cm土壤硝态氮残留量低于追施氮肥的玉米条带（N75，N180），追施180 kg N/hm^{2}的间作系统土壤硝态氮残留量最高，高出其他处理12%～25%。玉米条带追施氮肥对与之配套的大豆条带土壤硝态氮含量也有一定影响，但玉米条带追施氮肥越多，相应的大豆条带土壤硝态氮残留并不显著增加（图6－4）。

六、不同夏播种植模式的后茬效应

夏播处理的N0到N180，其对应的后茬作物冬小麦的产量为6 977～7 408kg/hm^2，吸氮量为198.91～217.30kg/hm^2，但夏茬作物追施氮量对冬小麦产量、吸氮量的影响并不显著（$P<0.05$），尤其是N75与N180两个处理的产量与吸氮量差别很小（表6－3）。主要原因可能在于所有小麦的施氮量（225kg/hm^2）均相同，而这一施氮量实际上是完全满足了小麦生长氮素

需求，因而使得各夏播处理对应的小麦产量和吸氮量没有显著差异。

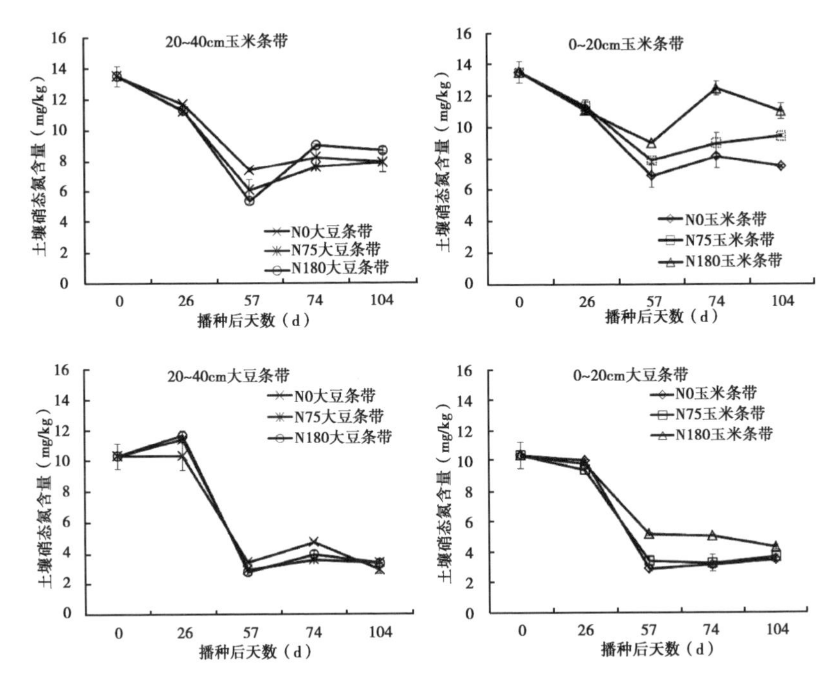

图 6－3　不同种植模式的土壤硝态氮含量

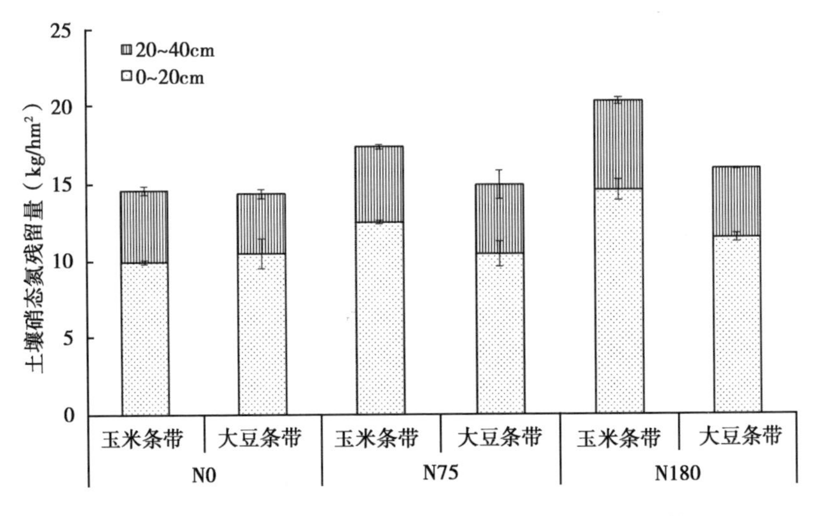

图 6－4　不同种植模式作物收获后土壤硝态氮残留量

表6－3　不同夏播间作种植系统追施氮量的后茬农学效应

夏季处理	后茬作物	产量（kg/hm²）	小麦吸氮量（kg/hm²）
N0	小麦	6 977 a	198.91 a
N75	小麦	7 268 a	210.38 a
N180	小麦	7 408 a	217.30 a

注：每一列的不同字母代表 $P<0.05$ 水平上差异的显著性

虽然夏播间作种植模式施氮方式对后茬作物产量的影响不显著，但不追施氮肥的夏播间作种植可以显著降低后茬0～100cm土壤硝态氮残留。随着追施氮量的增加，小麦季0～100cm土壤硝态氮残留量显著增加（表6－4），N75、N180的小麦季土壤（0～100cm）硝态氮残留量相对N0分别增加了22.38%、70.18%。随着土壤深度的增加，N0和N75处理各条带土壤硝态氮残留量不断减少，然而追施高量氮肥（N180），在土壤60～100cm上出现了硝态氮累积现象。

表6－4　不同夏播间作种植系统追施氮量的后茬土壤硝态氮残留

处理/土层（cm）		土壤硝态氮残留（kg/hm²）					
		0～20	20～40	40～60	60～80	80～100	0～100
N0	玉米条带	12.49 b	14.61 a	6.09 b	1.99 c	2.04 c	69.71 c
	大豆条带	17.70 a	7.73 b	2.40 c	3.63 bc	1.03 c	
N75	玉米条带	17.10 a	15.84 a	13.29 a	4.78 b	2.01 c	85.31 b
	大豆条带	13.31 b	6.98 b	3.43 c	5.09 b	3.49 c	
N180	玉米条带	16.43 a	13.59 a	11.50 a	3.22 bc	16.91 a	118.63 a
	大豆条带	12.51 b	13.29 a	10.52 a	13.85 a	6.83 b	

注：每一列的不同字母代表 $P<0.05$ 水平上差异的显著性

七、讨论

合理的农田施肥管理措施，尤其是施用氮肥能够满足作物生育期间养分需求，还能提高植株氮素含量，从而促进植株体内外的生理生化反应（Miransari and Mackenzie，2010），同时施氮还提高了作物对光热等资源的利用率以及水分利用效率，最终提高作物产量（Spiertz，2010）。然而间作种植系统与传统的单作种植系统还有所不同，本研究中氮肥施用量对间作系统生物量、产量以及氮素的吸收利用均无显著性影响（$P<0.05$），玉米条带追

施氮量的多少对间作大豆生物量、产量和氮素吸收也几乎没有任何影响，并且玉米条带生物量、产量和吸氮量的变化幅度不足10%。究其原因可能主要有以下几点：①目前华北地区农田的土壤氮残留量非常大（Fan et al.，2003），本研究中试验前0～100cm土壤硝态氮残留量也达到90.8kg/hm^2，因此基施氮肥（45kg/hm^2）完全可以满足间作系统作物整个生育期的生长，额外的氮素并不能全部被吸收转化为产量；②大豆是自生固氮类作物，不需要额外的氮素投入就可以满足自身氮素需求（Rawat et al.，2013），而鉴于玉米与大豆需氮量的差别，只在玉米条带设置了追施氮肥处理，这也致使大豆生物量、产量和吸氮量对玉米追施氮量的响应并不敏感；③间作种植系统是一个复杂的种植体系，尤其是大豆固定的氮素可能通过特定的过程供给玉米，从而减少了整个种植系统对外源氮素的依赖（Wan et al.，2013）。间作种植体系不同于作物单作种植，玉米大豆地上部高矮相间，通风透光性好，地下部根系相互作用也有利于资源的高效吸收（Lv et al.，2014），并且大豆具有固氮作用（Karpenstein－Machan and Stuelpnagel，2000），因此在确定间作种植模式合理施氮量时，不能简单照搬各种作物单作种植时的施氮量（Li et al.，2011），而应当充分利用间作种植优势，以最少的施氮量获得最大的效益。

施氮可以显著增加土壤硝态氮含量（Fabek et al.，2012），但随着土壤深度的增加，土壤硝态氮含量有所下降（Guo et al.，2010），本研究也发现不追施氮肥处理的土壤硝态氮含量维持在一个较稳定的水平上，而追施氮肥处理各作物条带0～20cm土壤硝态氮含量在抽雄期后均有较明显的增加，并且作物生育期间20～40cm土壤硝态氮含量低于0～20cm。这说明作物生长初期大量吸收氮素，使得土壤硝态氮不断消耗，而追施氮肥使土壤氮素得到补充，并且追施氮量越多，土壤硝态氮含量增加越多，从而导致作物收获后的土壤硝态氮残留也越高（Fabek et al.，2012）。然而土壤中过多的氮素残留存在很大的环境风险，上层土壤中残留的氮素将不断向下层土壤迁移（Qiu et al.，2012），尤其是这些氮素淋失进入地下水将导致地下水硝酸盐含量超标（Bronson et al.，2009）。因此，在保证土壤氮素满足间作作物生长需求的情况下，应尽可能的减少施氮量以降低其环境风险。

在后茬作物管理措施一致的前提下，尤其是当后茬作物施氮量可以充分满足作物需求时，前茬作物施氮残留对后茬作物产量、吸氮量的影响将被掩盖，但却显著增加了后茬作物收获后的土壤硝态氮残留，并且前茬作物追施氮量越多，后茬作物收获后土壤硝态氮残留量也越多（Ju et al.，2007）。

本研究也表明，前茬作物施氮量的增加对后茬小麦产量和吸氮量无显著影响，但大幅度增加了后茬作物收获后土壤硝态氮残留（$P<0.05$）。因此，应当发挥前茬作物间作种植优势，降低间作种植施氮量以创造良好的后茬效应。

八、结论

玉米与大豆间作种植系统中，基肥施氮量相同的情况下，随着玉米条带追施氮量的增加，玉米条带生物量、产量和吸氮量均无显著变化，而且追施氮量的多少对大豆条带生物量、产量和吸氮量也几乎没有任何影响。间作种植系统土壤硝态氮含量受到追施氮量的影响，追施氮肥后，无论玉米条带还是与之配套的大豆条带，表层（0～20cm）土壤硝态氮含量均有所提高，并且追施氮量越多，土壤硝态氮含量越高，硝态氮残留量也越高，其中追施180 kg N/hm^{2}的间作系统0～40cm土壤硝态氮残留量高出其他两个处理12%～25%。同时，小麦可能受到当季较多的施氮量的影响，夏季间作种植施氮量的多少对后茬冬小麦产量和吸氮量的影响均不显著（$P<0.05$），但施氮量越多的间作系统后茬作物收获后的土壤硝态氮残留量越大，相对仅施用基肥而不追施氮肥的间作系统，前茬间作系统追施氮肥导致后茬小麦收获后土壤（0～100cm）硝态氮残留量增加了22.38%～70.18%。因此，针对玉米与大豆间作种植模式，以保证作物产量、降低土壤硝态氮残留、创造良好的后茬效益为目的，可以只施用基肥（其中含45 kg N/hm^2）而不追肥，或者在施用基肥的基础上，仅在玉米条带上追施少量氮肥（75 kg N/hm^2）。

参考文献

Bronson K F, Malapati A, Booker J D, et al. 2009. Residual soil nitrate in irrigated Southern High Plains cotton fields and Ogallala groundwater nitrate [J]. Journal of Soil and Water Conservation, 64: 98 – 104.

Dapaah H K, Asafu – Agyei J N, Ennin S A, et al. 2003. Yield stability of cassava, maize, soya bean and cowpea intercrops [J]. Journal of Agricultural Science, 140: 73 – 82.

Fabek S, Toth N, Redovnikovic I R, et al. 2012. The Effect of Nitrogen Fertilization on Nitrate Accumulation, and the Content of Minerals and

Glucosinolates in Broccoli Cultivars [J]. Food Technology and Biotechnology, 50: 183 - 191.

Fan J, Hao M D, Shao M A. 2003. Nitrate accumulation in soil profile of dry land farming in northwest China [J]. Pedosphere, 13: 367 - 374.

Gao Y, Duan A W, Qiu X Q, et al. 2010. Distribution and Use Efficiency of Photosynthetically Active Radiation in Strip Intercropping of Maize and Soybean [J]. Agronomy Journal, 102: 1 149 - 1 157.

Guo S L, Wu J S, Dang T H, et al. 2010. Impacts of fertilizer practices on environmental risk of nitrate in semiarid farmlands in the Loess Plateau of China [J]. Plant and Soil, 330: 1 - 13.

Hauggaard - Nielsen H, Ambus P, Jensen E S. 2003. The comparison of nitrogen use and leaching in sole cropped versus intercropped pea and barley [J]. Nutrient Cycling in Agroecosystems, 65: 289 - 300.

Hauggaard - Nielsen H, Jensen E S. 2001. Evaluating pea and barley cultivars for complementarity in intercropping at different levels of soil N availability [J]. Field Crops Research, 72: 185 - 196.

Jensen E S. 1996. Grain yield, symbiotic N - 2 fixation and interspecific competition for inorganic N in pea - barley intercrops [J]. Plant and Soil, 182: 25 - 38.

Ju X T, Liu X J, Pan J R, et al. 2007. Fate of N - 15 - labeled urea under a winter wheat - summer maize rotation on the North China Plain [J]. Pedosphere, 17: 52 - 61.

Karpenstein - Machan M, Stuelpnagel R. 2000. Biomass yield and nitrogen fixation of legumes monocropped and intercropped with rye and rotation effects on a subsequent maize crop [J]. Plant and Soil, 218: 215 - 232.

Li Q Z, Sun J H, Wei X J, et al. 2011. Overyielding and interspecific interactions mediated by nitrogen fertilization in strip intercropping of maize with faba bean, wheat and barley [J]. Plant and Soil, 339: 147 - 161.

Li Y Y, Yu C B, Cheng X, et al. 2009. Intercropping alleviates the inhibitory effect of N fertilization on nodulation and symbiotic N - 2 fixation of faba bean [J]. Plant and Soil, 323: 295 - 308.

Lv Y, Francis C, Wu P T, et al. 2014. Maize - Soybean Intercropping Interactions Aboveand Below Ground [J]. Crop Science, 54: 914 - 922.

Miransari M, Mackenzie A F. 2010. Wheat Grain Nitrogen Uptake, as Affected by Soil Total and Mineral Nitrogen, for the Determination of Optimum Nitrogen Fertilizer Rates for Wheat Production [J]. Communications in Soil Science and Plant Analysis, 41: 1 644 - 1 653.

Qiu S J, Ju X T, Lu X, et al. 2012. Improved Nitrogen Management for an Intensive Winter Wheat/Summer Maize Double - cropping System [J]. Soil Science Society of America Journal, 76: 286 - 297.

Rawat A K, Rao D L N, Sahu R K. 2013. Effect of soybean inoculation with Bradyrhizobium and wheat inoculation with Azotobacter on their productivity and N turnover in a Vertisol [J]. Archives of Agronomy and Soil Science, 59: 1 559 - 1 571.

Sastawa B M, Lawan M, Maina Y T. 2004. Management of insect pests of soybean: effects of sowing date and intercropping on damage and grain yield in the Nigerian Sudan savanna [J]. Crop Protection, 23: 155 - 161.

Spiertz J H J. 2010. Nitrogen, sustainable agriculture and food security. A review [J]. Agronomy for Sustainable Development, 30: 43 - 55.

van Kessel C, Hartley C. 2000. Agricultural management of grain legumes: has it led to an increase in nitrogen fixation? [J]. Field Crops Research, 65: 165 - 181.

Wan Y, Yan Y H, Yang W Y, et al. 2013. Responses of Root Growth and Nitrogen Transfer Metabolism to Uniconazole, a Growth Retardant, during the Seedling Stage of Soybean under Relay Strip Intercropping System [J]. Communications in Soil Science and Plant Analysis, 44: 3 267 - 3 280.

Xia H Y, Wang Z G, Zhao J H, et al. 2013. Contribution of interspecific interactions and phosphorus application to sustainable and productive intercropping systems [J]. Field Crops Research, 154: 53 - 64.

Zhang F, Shen J, Li L, et al. 2004. An overview of rhizosphere processes related with plant nutrition in major cropping systems in China [J]. Plant and Soil, 260: 89 - 99.

第七章　旱作大田玉米清洁高产种植技术规范

一、传统玉米单作高效种植技术规程

（一）范围

本标准规定了玉米种植的产地环境要求、栽培管理、病虫害防治和采收等生产技术管理措施。

本标准适用于华北平原旱作大田玉米的种植；适用于土壤类型、施肥、管理及种植模式与华北平原旱作大田相同或相似的地区。

（二）规范性引用文件

下列文件中的条款通过本标准的引用而成为本标准的条款。凡是注日期的引用文件，其随后所有的修改单（不包括勘误的内容）或修订版不适用于本标准。然而，鼓励根据本标准达成协议的各方研究是否可使用这些文件的最新版本。凡是不注日期的引用文件，其最新版本适用于本标准。

GB 4404.1—1996 粮食作物种子 第1部分：禾谷类

GB 4285—1989 农药安全使用标准

GB/T 8321.（1～8）农药合理使用准则

GB 5084—2005 农田灌溉水质标准

GB 15618—1995 土壤环境质量标准

GB 3095—2012 环境空气质量标准

（三）术语和定义

下列术语和定义适用于本文件。

1. 行距

相邻两行相同作物之间的距离。

2. 株距

每行同种作物中相邻两株之间的距离。

3. 玉米大喇叭口期

玉米大喇叭口期是从拔节到抽雄所经历的时期，为玉米营养生长与生殖生长并进期，此时根、茎、叶的生长非常旺盛，体积迅速扩大、干重急剧增加；玉米的第11片叶展开，叶龄指数为55% ~60%，上部几片大叶突出，好像一个大喇叭；同时，雄穗已发育成熟，该期是玉米穗粒数形成的关键时期。

（四）产地环境

玉米的产地环境应符合GB 15618—1995、GB 3095—2012、GB 5084—2005的规定，且地势平坦，便于灌溉及机械化作业。

（五）生产管理

1. 种子

选用适于本地生态环境条件、品质优、产量高、抗逆性好、抗病力强，并通过国家审定的品种，玉米种以郑单958为宜。

2. 整地

前茬作物收获后，平整土地，使土壤保持良好的物理性状，开好排水沟。

3. 播种

（1）播期　作物播种时间在6月10 ~20日，即小麦收获后及时抢墒播种。

（2）播种密度　按大小行种植，大行80cm、小行50cm，如图7 -1所示，株距25cm。

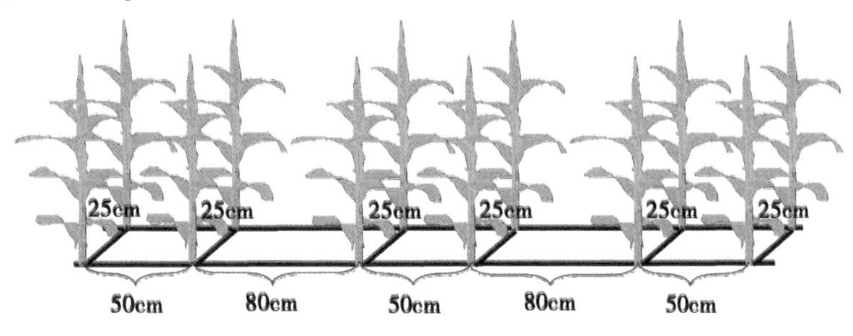

图7 -1　玉米单作播种密度示意图

（3）播种方式

①使用播种机进行机械作业；

②播种机可选择大型机械，也可用小型农用播种机，以穴播机、精密播种机最佳，并保证开沟器之间距离可调，以满足播种需要；

③采用多粒穴播方式，每穴播种2~3粒，以播种机控制玉米间行株距，一次性完成分草、开沟、施肥、播种、覆土等多项作业，播深4cm左右。

4. 管理

(1) 施肥　播种机具有施肥功能，施肥量及施肥方式如下：

尿素32.6kg/亩、过磷酸钙42kg/亩、硫酸钾10kg/亩，其中尿素按基肥：大喇叭口期追肥=1∶1分施，基肥随播种时施入，追肥选择玉米大喇叭口期间降雨之前或阴凉天气傍晚均匀沟施于玉米行间，也可于小雨天气之前均匀撒施于玉米行间。

(2) 作物管理

①及时补漏，出苗后，缺苗断垄处及时补种或移栽；

②及时间苗，3叶期进行；

③及时定苗，5叶期株苗生长稳定后，每穴留一株健壮苗；

④及时去蘖，玉米分蘖力较强，应及早掰除分蘖；

⑤及时掰穗，宜选留最健壮果穗，部分健壮植株可留两个果穗；

⑥及时培蔸，强降雨雨后玉米容易倒伏，苗期应及时培蔸，防止倒伏。

(3) 抗旱排涝

①播种后，根据水分供应情况，可灌溉一次出苗水，播种后若遇降雨则无须灌溉；生育期间，若遇干旱年份，应及时灌溉，正常年份，无须灌溉；

②玉米生长期间，若遇暴雨或连阴雨，及时排涝。

(4) 除草　播种后出苗前，墒情好时每亩可直接用90%乙草胺乳油130ml对水40kg，或用48%甲草胺乳油230ml对水40kg，或用60%丁草胺乳油100ml对水50kg均匀喷施地表对玉米封闭，遇干旱天气应适当加大对水量；喷药力求均匀，防止局部用药过多造成药害或漏喷。

玉米生长期间及时清除杂草，根据本地杂草防治方法灵活处理。

(5) 病虫害

①玉米螟：农药防治可以选用高效、低毒、易降解类型的药剂在小喇叭口期进行防治，但用药最不宜过大，每亩用1.5%辛硫磷颗粒剂0.3kg左右，掺细沙8kg左右，混匀后撒入心叶，每株用量2g左右。有条件可以在大喇叭口期接种赤眼蜂卵块控制玉米螟，也可以在玉米螟成虫盛发期用杀虫灯诱杀。

②玉米锈病：25%粉锈宁可湿性粉剂1 000倍液，或用50%多菌灵可湿

性粉剂500倍液喷施。

5. 适时收获

（1）根据本地气候特点和作物生育时期及时采收，一般在国庆节前后收获；

（2）玉米采收期主要根据子粒外观形态确定，当籽粒乳线基本消失、基部黑层出现时收获；

（3）收获时可手工操作，此时玉米秸秆可作饲料用于畜禽养殖；也可使用玉米联合收割机，此时秸秆可用于粉碎还田。

二、四行玉米与六行大豆间作高效种植技术规程

（一）范围

本标准规定了玉米、大豆种植的产地环境要求、栽培管理、病虫害防治和采收等生产技术管理措施。

本标准适用于华北平原旱作大田玉米、大豆的间作种植；适用于土壤类型、施肥、管理及种植模式与华北平原旱作大田相同或相似的地区。

（二）规范性引用文件

下列文件中的条款通过本标准的引用而成为本标准的条款。凡是注日期的引用文件，其随后所有的修改单（不包括勘误的内容）或修订版不适用于本标准。然而，鼓励根据本标准达成协议的各方研究是否可使用这些文件的最新版本。凡是不注日期的引用文件，其最新版本适用于本标准。

GB 4404.1—1996 粮食作物种子 第1部分：禾谷类

GB 4404.2—1996 粮食作物种子 第2部分：豆类

GB 4285—1989 农药安全使用标准

GB/T 8321.（1～8）农药合理使用准则

GB 5084—2005 农田灌溉水质标准

GB 15618—1995 土壤环境质量标准

GB 3095—2012 环境空气质量标准

（三）术语和定义

下列术语和定义适用于本文件。

1. 间作

一茬有两种或两种以上生育季节相近的作物，在同一块田地上成行或成带（多行）间隔种植的方式。

2. 行距

相邻两行相同作物之间的距离。

3. 株距

每行同种作物中相邻两株之间的距离。

4. 带宽

间作种植中各种作物顺序种植一遍所占据地面的宽度，包括作物的幅宽和间距。

5. 幅宽

间作种植中无间断的每种作物两边行相距的宽度。

6. 间距

相邻两种作物边行之间的距离。

7. 玉米大喇叭口期

玉米大喇叭口期是从拔节到抽雄所经历的时期，为玉米营养生长与生殖生长并进期，此时根、茎、叶的生长非常旺盛，体积迅速扩大、干重急剧增加；玉米的第 11 片叶展开，叶龄指数为 55% ~60%，上部几片大叶突出，好像一个大喇叭；同时，雄穗已发育成熟，该期是玉米穗粒数形成的关键时期。

（四）产地环境

玉米、大豆的产地环境应符合 GB 15618—1995、GB 3095—2012、GB 5084—2005 的规定，且地势平坦，便于灌溉及机械化作业。

（五）生产管理

1. 种子

选用适于本地生态环境条件、品质优、产量高、抗逆性好、抗病力强，并通过国家审定的品种，玉米种以郑单 958 为宜，大豆种以中黄 13、中黄 30 等为宜。

2. 整地

前茬作物收获后，平整土地，使土壤保持良好的物理性状，开好排水沟。

3. 播种

（1）播期　作物播种时间在6月10～20日，即小麦收获后及时抢墒播种。

（2）播种密度　玉米条带按大小行种植4行，幅宽1.8m，大行80cm、小行50cm，株距25cm；大豆等行距播种6行，幅宽0.8m，行距30cm，株距20cm；玉米大豆间距30cm。

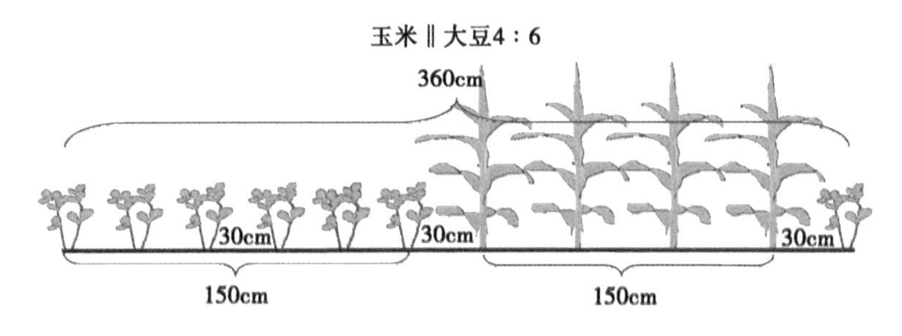

图7－2　玉米大豆间作种植参数示意图

（3）播种方式

①使用播种机进行机械作业。

②播种机可选择大型机械，也可用小型农用播种机，以穴播机、精密播种机最佳，并保证开沟器之间距离可调，以满足播种需要。

③玉米、大豆按条带分别多粒穴播，以播种机控制各作物间行株距及两作物间间距，一次性完成分草、开沟、施肥、播种、覆土等多项作业，播深4cm左右。

4. 管理

（1）施肥　播种机具有施肥功能，施肥量及施肥方式如下。

玉米带施尿素32.6kg/亩、过磷酸钙42kg/亩、硫酸钾10kg/亩，其中尿素按基肥：大喇叭口期追肥＝1：1分施，基肥随播种时施入，追肥选择玉米大喇叭口期间降雨之前或阴凉天气傍晚均匀沟施于玉米行间，也可于小雨天气之前均匀撒施于玉米行间；

大豆带施尿素6.5kg/亩、过磷酸钙42kg/亩、硫酸钾10kg/亩，全部做基肥随播种时施入。

（2）作物管理

①作物出苗后，及时查缺补漏，缺苗断垄处及时补种或移栽。

②玉米3叶期，及时间苗，玉米株苗生长稳定后（5叶期），每穴只留一株健壮苗；大豆间定苗操作同时进行。

③玉米及时去蘖，玉米一般分蘖力较强，分蘖与主茎争夺养分、水分，影响主茎的生长与果穗的发度，应及早掰除分蘖。

④及时掰掉多余的玉米果穗，一般的品种都有多个果穗，但为了保证果穗的品质，宜选留最健壮的一个果穗作留果穗，其余的及时掰掉；部分健壮植株可留两个果穗。

⑤及时培蔸，强降雨后玉米及大豆都容易倒伏，苗期应及时培蔸，防止倒伏。

（3）抗旱排涝

①作物播种后，根据水分供应情况，可灌溉一次出苗水，播种后若遇降雨则无须灌溉；生育期间，若遇干旱年份，应及时灌溉，正常年份，无须灌溉。

②作物生长期间，若遇暴雨或连阴雨，及时排涝。

（4）除草　播种后出苗前，墒情好时每亩可直接用90%乙草胺乳油130ml对水40kg，或用48%甲草胺乳油230ml对水40kg，或用60%丁草胺乳油100ml对水50kg均匀喷施地表对玉米、大豆同时封闭，遇干旱天气应适当加大对水量；喷药力求均匀，防止局部用药过多造成药害或漏喷。

作物生长期间各作物分别及时除草，根据本地杂草防治方法灵活处理。

（5）病虫害

①玉米螟：农药防治可以选用高效、低毒、易降解类型的药剂在小喇叭口期进行防治，但用药最不宜过大，每亩用1.5%辛硫磷颗粒剂0.3 kg左右，掺细沙8kg左右，混匀后撒入心叶，每株用量2g左右。有条件可以在大喇叭口期接种赤眼蜂卵块控制玉米螟，也可以在玉米螟成虫盛发期用杀虫灯诱杀。

②玉米锈病：25%粉锈宁可湿性粉剂1 000倍液，或用50%多菌灵可湿性粉剂500倍液喷施。

③大豆蚜虫：40%乐果乳油1 500倍液进行喷施。

④大豆食心虫：敌杀死乳油20～30ml加水30kg喷施。

5. 适时收获

（1）根据本地气候特点和作物生育时期及时采收，一般在国庆节前后两种作物同时收获。

（2）玉米采收期主要根据子粒外观形态确定，当籽粒乳线基本消失、基部黑层出现时收获；大豆在落叶达90%时收割。

(3) 收获时可手工操作，此时玉米秸秆可作饲料用于畜禽养殖；也可使用玉米联合收割机、大豆收割机分别收割，此时秸秆可粉碎还田。

三、玉米节肥适密集成清洁种植技术宣传单

(一) 技术简介

该项是由两项单项技术集成的。一项单项技术是节肥技术，通过测土配方施肥达到节肥增效的目的。另一项技术是玉米适宜种植密度技术，通过合理布局玉米种植密度和空间分布，促进玉米高效利用光热和肥水，达到玉米高产和有效减少硝酸盐淋溶的目的。

(二) 技术要点

1. 施肥技术

尿素32.6kg/亩、过磷酸钙42kg/亩、硫酸钾10kg/亩，其中尿素按基肥：大喇叭口期追肥 = 1 : 1分施，基肥随播种时施入，追肥选择玉米大喇叭口期间小雨之前或阴凉天气傍晚均匀沟施于玉米行间。

2. 适宜种植密度技术

按大小行种植，大行80cm、小行50cm（图7-3），株距25cm。使用播种机进行机械作业；播种机可选择大型机械，也可用小型农用播种机，以穴播机、精密播种机最佳，并保证开沟器之间距离可调，以满足播种需要；采用多粒穴播方式，每穴播种2~3粒，以播种机控制玉米间行株距，一次性完成分草、开沟、施肥、播种、覆土等多项作业，播深4cm左右。

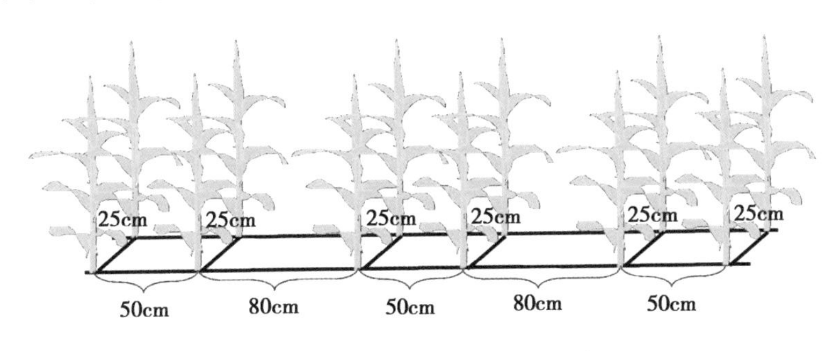

图7-3　玉米单作种植行株距示意图

（三）技术效果

试验和示范效果显示：推行本技术可以使玉米亩增产 20kg，亩节肥 1.2kg，亩节本 3.6 元，亩增效 43.6 元。同时，有效减少了硝酸盐淋洗，利于保护当地农业和生活环境。

图 7－4　玉米单作种植田间实拍图片

四、玉米大豆间作节氮清洁种植技术宣传单

（一）技术简介

该项是由两项单项技术集成的。一项单项技术是节氮技术，通过测土配方施肥分别达到各作物节氮目的。另一项技术是玉米大豆适宜行比种植技术，通过合理布局玉米与大豆种植行数和空间分布，促进玉米与大豆均能高效利用光热和肥水，达到玉米稳产、增收大豆，并有效减少硝酸盐淋失的目的。

（二）技术要点

1. 施肥技术

作物种植时，做基肥施用的化肥为：尿素 6.5kg/亩、过磷酸钙 42kg/亩、硫酸钾 10kg/亩，基肥随播种时施入；玉米大喇叭口期追施尿素 13.1kg/亩，大豆不追肥，追肥选择玉米大喇叭口期间小雨之前或阴凉天气傍晚均匀沟施于玉米行间。

2. 适宜种植技术

玉米按行距 50cm、株距 25cm，种植 4 行，大豆按行距 30cm，株距

20cm种植6行，玉米与大豆交界带行距30cm（图7－5）。使用播种机分别进行机械作业，可先播种玉米但预留大豆播种带，也可先播种大豆并预留玉米播种带；播种机可选择大型机械，也可用小型农用播种机，以穴播机、精密播种机最佳，并保证开沟器之间距离可调，以满足播种需要；采用多粒穴播方式，每穴播种2～3粒，以播种机控制行株距，一次性完成分草、开沟、施肥、播种、覆土等多项作业，播深4cm左右。

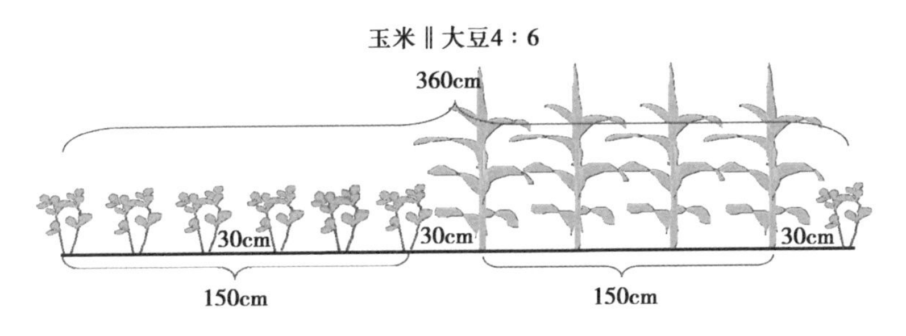

图7－5　玉米大豆间作示范推广种植参数

（三）技术效果

试验和示范效果显示：推行本技术可以有效利用土地和光热资源，相对传统玉米种植，每亩节约尿素12kg；收获后，玉米稳产但多收一季大豆，亩增效最高可达300元左右。同时，该技术有效减少了硝酸盐淋洗，利于保护当地农业和生活环境。

图7－6　玉米大豆间作种植示范推广田间实拍图片

上篇附表

区域背景基本信息调查问卷

调查人________调查地点________（区/县）________（乡/镇/村）调查日期：________

农户姓名________性别________年龄________联系方式________

家庭人口________文化程度________从事职业________劳力________

全年农业投入________全年效益________全年非农收入________

作物种类种植方式	种植面积	种植密度	种子及机械费用	定植时间	收获时间	作物产量	销售渠道	收入
备注								

作物	肥料类型种类名称	施肥方式	施肥量	施肥时间及施量			重量及价格（袋）	养分比例	肥料用量（kg/ha）	农药
				1	2	3				
备注										

	灌溉方式	灌溉时间	灌溉量	水源水质	花费
灌溉 1					
灌溉 2					
灌溉 3					
秸秆处理时间			秸秆处理方式		
备注					

灌水记录表

灌水地点	
起止时间	
灌水单价	
灌水量	
取样量	
取样人	
编号	
备注	

注：记录表认真仔细填写；取样容器标记清楚，与记录表编号一致；取样后尽快测定灌水中氮磷钾含量

降水记录表

降水地点	
起止时间	
降水量	
取样量	
取样人	
编号	
备注	

注：记录表认真仔细填写；取样容器标记清楚，与记录表编号一致；取样后尽快测定降水中氮磷钾的含量

玉米生育期及各时期样品采集参考时间

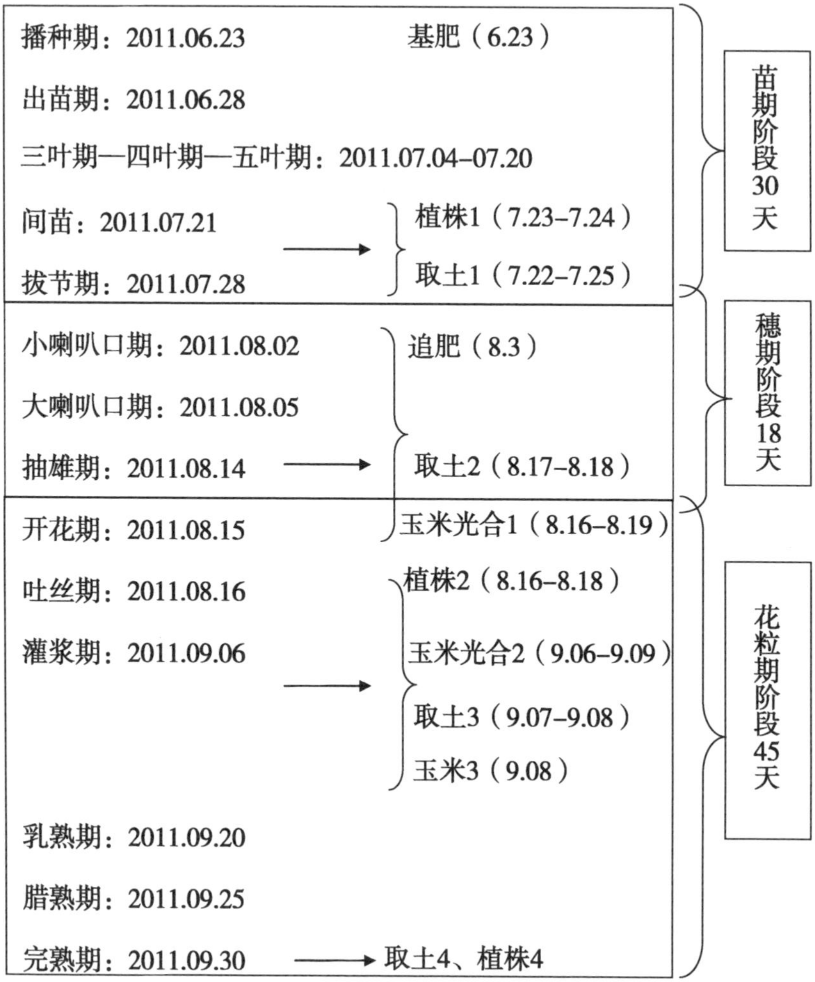

上篇附图

图 1　供试区域农田

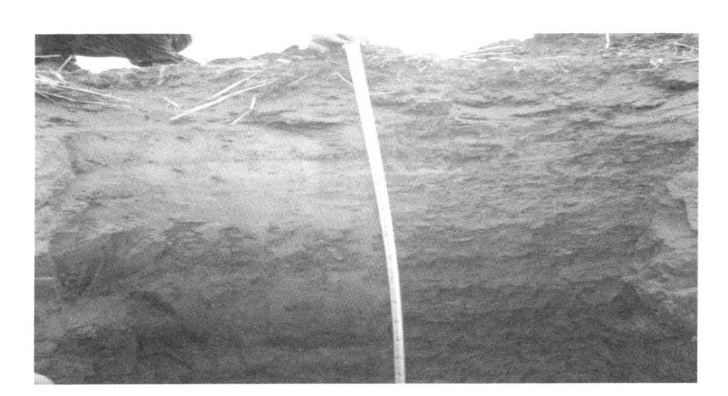

图 2　供试农田土壤剖面

图 3　农田试验供试品种

图4　2010年不同种植模式作物出苗后20d

图 5　2010 年不同种植模式作物出苗后 30d

图 6　2010 年试验期间玉米追肥及除草

图 7　2010 年不同种植模式作物出苗后 65d

图 8　2010 年不同种植模式作物收获

图9　2010—2011 年小麦播种及出苗水灌溉

图10　2010—2011 年小麦出苗及越冬

图 11　2010—2011 年小麦追肥、拔节灌溉

图 12　2010—2011 年小麦收获及取样

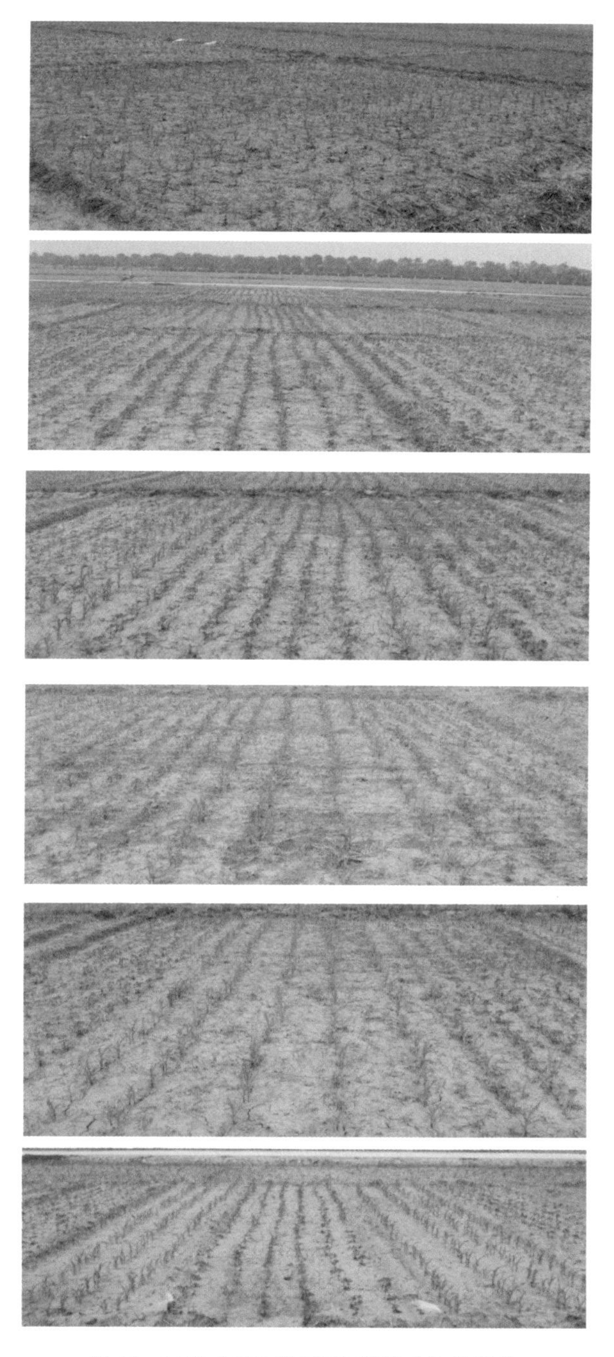

图 13　2011 年不同夏播种植模式作物出苗

图 14　2011 年不同夏播种植模式抽穗期作物生长

图 15　作物关键生育期光合仪测定

图 16　2011 年不同夏播种植模式作物收获

图 17　2012 年 4 行玉米与 6 行大豆间作种植示范

下篇

设施菜地填闲玉米清洁高产种植模式研究

第八章　概　述

随着时代的发展和科技的进步，我国农业的发展趋于多样化，耕地虽然主要用于粮食生产，但其他农产品如水果、蔬菜的种植面积也不断增加，由于我国人口众多，近年来的各种农产品种植和需求压力也呈现快速增长的趋势，其中蔬菜播种面积以每年 2% 的速度增长，2013 年达到 2 090 万 hm^2（王艳丽，2015）。中国作为世界农业发源地之一，有着悠久的蔬菜栽培史，近年来，随着人民生活水平不断提高，日常消费对蔬菜的供应需求也不断加大，借此机遇中国蔬菜产业得到了迅猛的发展，目前已发展成为一项农业支柱产业。在人们的日常生活中，蔬菜必不可少，是重要的功能性基础食品，蔬菜提供了人类所需的维生素、矿物质及膳食纤维等各种营养成分，满足了人们的营养均衡和健康饮食。尤其是反季节蔬菜的供应在提高了人民的生活质量的同时，也为农户带来了较高的经济效益。

改革开放初期，我国蔬菜产量不高，尤其是北方受温度限制，夏季蔬菜种植面积大、种类较多而春冬季蔬菜种类单一且种植面积少。近年来，随着设施农业种植技术的提高，我国的蔬菜种植尤其是北方春冬季蔬菜种植取得了进步。与粮食作物的露地种植相比，蔬菜既可以露地种植，也可以温室种植，并且设施温室促进了蔬菜的反季节种植和上市。设施蔬菜可以连续多季种植，且具有更好的经济效益。因此，复种是设施蔬菜集约化种植的特点之一。然而，设施菜地由于较普遍的过量肥水投入造成了作物收获后土壤硝态氮大量残留，这些残留的氮素通过氨挥发、氧化亚氮排放、硝态氮淋失等途径进入环境导致各种环境问题，尤其是我国北方设施菜地面积大，氮肥过量施用导致了地下水硝酸盐污染风险极大。

一、设施菜田地下水硝酸污染状况

自 20 世纪 80 年代末以来，地下水的硝酸盐污染在美国、澳大利亚、新西兰、欧洲、非洲、中东和加勒比海地区等很多国家和地区都有发现，均检测到大范围农区地下水硝态氮含量超标现象（Keeney，1991；Thornburn ，1991；Chilton ，1991；宋静等，2000）。Datta 等研究了印度 Delhi 地区地下水的污染状况（Datta，1997），分别于 1990 年 7 月、1997 年 2 月、1992 年

2月采集水样，共采97个水样，经测定33%的水样硝态氮浓度超过了广泛接受的浓度限制20mg/L，15%的超过了最大允许浓度45mg/L。虽然我国在地下水硝酸盐污染研究方面起步较晚，但是到目前为止，我国的研究学者对地下水硝酸盐污染做了大量的研究工作。结果显示，我国南北方也均不同程度出现地下水硝态氮超标的情况（张维理等，1995；张福锁，1999）。何英对曲周县蔬菜种植区299个地下水样的研究表明（何英，2003），2003年2月4日和2002年10月硝酸盐含量超标率分别达到19.5%、14.0%和5.7%，总超标率为93%。河南温县和山东桓台的高产农区和高产田块地下水硝态氮污染程度明显高于中低产农区和田块（高旺盛等，1999）。张思聪认为（张思聪等，2000），硝态氮浓度等值线随时间推移由上而下逐渐扩展，浅层地下水有缓慢被污染的趋势，这与不合理灌溉、施肥的农业行为有关，施肥量过大、化肥利用率低且表施多于深施是地下水硝酸盐污染的重要来源（陈干等，2009；蒋晓辉，2000）。吕世华认为（吕世华等，2002），地下水硝酸盐含量的总体上与农田氮肥投入增加有关，但氮肥用量并不是决定地下水是否被硝酸盐污染的唯一因素。巩建华对种植年限与井水中硝酸盐含量进行了相关性分析后发现（巩建华，2002），得出种植年限越长，该地区的地下水中硝酸盐污染越严重，并比较了不同月份，地下水中硝酸盐含量的变化，以8月浓度最高。赵新峰对东北海伦地区研究表明（赵新峰等，2008），硝态氮含量超标较严重区域均位于氮肥施用量或者户均牲畜量较高的地区。刘光栋发现（刘光栋等，2003），农田施肥对地下水的污染受施肥量、灌溉次数、降雨量和土壤条件等综合作用的影响，降水集中的雨季前后地下水中NO_3-N含量变化证实土体中NO_3-N的淋失是造成地下水污染的直接原因。王凌通过三年对河北省蔬菜高产区地下水硝态氮的研究发现（王凌等，2008），水体深度和土壤硝态氮含量均是影响地下水硝态氮含量的因素。刘君的研究结果表明（刘君等，2009），硝酸盐主要来源于当地的化肥和动物粪肥；同时硝酸盐随深度的分布关系表明该区的污染范围仅局限于浅部，污染深度$<150m$，这与氮含量所反映的现代水循环深度相对应。以上研究表明，施用氮肥对地下水硝酸盐污染现象的影响十分严重，如果对过量施肥不加以控制，继续大量施用氮肥的话，将会使10～20年后地下水硝酸盐污染程度更为严重（胡云才等，2004）。

由于地理位置优越，土地成本较高，各大城市的郊区农田多以种植高经济附加值的果蔬、花卉等作物为主，目前的北京郊区，设施农业已经成为都市型现代农业发展的一种重要形式，并且设施菜地承担了满足市民蔬菜需求的应急保障功能。然而，近年来的研究表明，北方城郊设施菜地所在区域地下水硝酸盐问题严重，其中北京密云水库流域菜田地下水硝态氮平均含量9.55mg/L，最大值达到36.2mg/L（王庆锁等，2011）。按照世界卫生组织（WHO）制定的水质标准，饮用水硝酸盐氮含量应当小于10mg/L，若硝态氮含量超过20mg/L即为严重超标。本课题组于2014年7月在北京近郊多处设施菜地进行了地下水硝酸盐含量调研，结果表明，地下水（井深20m以上）硝酸盐速测值高于50mg/L，实验室测定硝态氮含量达到15mg/L，超过我国《地下水质量标准》中的Ⅱ类水，接近Ⅲ类水（20mg/L）。由于设施菜地种植区域往往也是相对密集的居民生活区，地下水是农业生产和居民生活的重要水源，其硝态氮含量超标将直接危害到居民健康。

二、设施菜地土壤氮素累积现状

设施菜地的养分循环主要依靠人为的控制和补给维持延续。不合理的人为活动，会破坏正常的养分循环，造成不利于人类需要的方向发展。为保证设施蔬菜的产量，必要的肥料投入不可缺少的。在我国北方蔬菜的需肥量是以种类不同而存在着不同的差异，如大白菜每1 000kg对氮素的吸收量为2.24kg，花椰菜每1 000kg对氮素的吸收量为7.7～11kg，黄瓜每1 000kg对氮素的吸收量为3.5kg，番茄每1 000kg对氮素的吸收量为2.7kg（张福锁，1999）。但是农民一般不了解蔬菜的需肥特性而盲目施肥，加之菜地复种指数高，导致氮肥投入量大，循环强度高。程美廷等研究表明，永年县日光温室每公顷追施硝铵量一般为10 500～20 000kg，估计将有90%的肥料不为蔬菜吸收而残留在土壤中（程美廷，1990）；马文奇等对山东寿光蔬菜大棚的调查表明，每个黄瓜种植季将导致约1 500kg/hm²氮素累积于土壤中（马文奇等，2000）。De Neve等研究报道，施用花椰菜残体后土壤矿化的氮量为136kg/hm²，但其中也有66kg/hm²淋洗到120cm土层以下，而土壤矿化的大部分氮素均集中在60～120cm土层；而未施用作物残体的土壤氮矿化量为48kg/hm²，氮淋失量为26kg/hm²（De Neve S et al.，1998）。李翠萍等调查显示，西芹的氮肥施用量为2 227kg/hm²，由此导致的农田氮素盈余高达2 051kg/hm²（李翠萍等，2005）。一般来讲，农田氮素平衡盈余超过20%以上时，即可能引起氮素对环境的潜在威胁（鲁如坤等，1996）。李俊良等对番茄保护地的研究表明，番茄收获后0～200cm土壤硝态氮含量随土壤深度的增加而递增，在180～200cm土层硝态氮质量分数达到40mg/kg以上，且在210cm以下的土层呈继续增加的趋势，硝酸盐淋洗状况相当严重，并有可能已经污染地下水。由此可见，设施菜地中由于大量氮肥的施用，造成了养分循环强度过大，氮素损失增加，对环境形成潜在的污染风险（李俊良等，2001）。

三、填闲作物在消减设施菜地土壤硝态氮淋溶上的作用

填闲作物是指主要栽培的作物收获后，在多雨季节种植的作物，以吸收土壤氮素、降低耕作系统中的氮淋溶损失，并将所吸收的氮转移给后季作物（Vos J，1998）。早在二十世纪初，欧美一些国家就提出利用填闲作物来减少氮素淋失的思想，随着研究的进展，这项措施相对比较成熟，而我国对此防治措施研究较少，但种植填闲作物在减少氮素淋洗所带来的环境方面的作用已经得到了普遍的认同。国外也有很多这方面的研究，Burket等报道，覆盖作物能够改善土壤质量、回收利用残余的肥料氮，并能作为下茬作物的有效氮源（Burket et al，1997）。Wyland等在花椰菜收获后，利用*Phacelia*和*Merced rye*作为填闲作物，使氮素的淋失量比休闲土壤降低了65%～70%。填闲作物使得表层土壤无机氮库、可矿化态氮、微生物碳和氮库发生了显著的变化，下茬花椰菜的产量却得到明显的提高（Wyland et al，1995）。Ritter等报道，在冬季使用野豌豆和燕麦作为覆盖作物后，硝态氮很少淋失到122cm土层以下，而休闲的土壤122cm以下的土层则明显能检测到硝态氮的存在。目前，在欧美一些国家种植填闲或覆盖作物是一种减少土壤氮素淋失的新兴措施（Ritter et al，1998）。

填闲作物的种植不仅能有效降低土壤中硝态氮的累积，而且能够改善土壤质量，回收利用残余的肥料氮，作为下茬作物的有效氮源。由此可见，种植填闲作物在消减硝态氮下淋方面的作用已经得到了普遍的认可（Wyland et al，1995；Thorup－kristensen et al，2003）。有试验表明，填闲作物能非常有效地吸收土壤淋溶液中的氮，吸收量可达到19g/m^2（以纯氮计）（Vos et al，1997）。Gustafson等通过试验表明，在主作物生长季节之外种植填闲作物一年可降低75%的硝态氮淋溶损失，在接下来的一年中降低50%左右。填闲作物地下部的根长密度和根系深度是决定氮提取量的重要特征指数（Gustafson et al，2000）。根长密度不仅仅反映了根系分布，而且能够反映土壤各层的平均水平，较其他根系生长指数也许更适合评价根系吸收氮素的能力。Wiesler等认为，具有较高根长密度与较高吸氮能力的地上部相结合的

品种能高效利用土壤硝态氮（Wiesler et al，1994）。根系深度在填闲作物对土壤氮素吸收能力上并不是唯一的重要参数，在1m以下根系分布很少的情况下意大利黑麦草仍能降低1.0～1.5m土层中约50%的硝态氮，因为根系的早期快速生长吸收了土壤表层大量硝态氮从而抑制了硝态氮向下淋溶（Thorup－Kistensen et al.，1993）。Bohm发现饲用胡萝卜在最活跃的生长期中根向下生长速度可达10cm/d，而冬季谷类仅约1cm/d，由此可见，根系生长速率也是一个较好的指标（Bohm et al，1974）。Kristian通过对七种填闲作物根系生长的研究得出根系生长参数与土壤表层（0～0.5m）硝态氮残留量相关性差，必须要沿深层土的生长（Thorup－Kistensen et al，2001）。同时，在环境良好的种植体系中，填闲作物的种植可以在改变幅度不大的种植体系下提高土壤养分的贮存能力和循环能力。Pound等总结了从草地和灌木生产系统发展到现代集约耕作系统过程中填闲作物的利用和相关研究，认为在此过程中填闲作物对维持系统生产力具有重要作用（Pound et al，1999）。

四、北方设施菜地填闲作物消减土壤硝态氮淋溶的研究进展

填闲作物对保护地土壤硝态氮淋溶的阻控机制，一方面是填闲作物可以通过其根系网络拦截来自剖面浅层氮素，从数量上减少氮素向根层以下土层迁移的可能性，特别是在设施蔬菜作物种植后根层土壤无机氮残留较高的情况下效果更加明显；另一方面深根系的填闲作物还可以通过根系的下扎将下层累积的养分像泵一样抽上来，从而避免其向下进一步迁移。在我国北方地区大田生产采用一年两熟的种植模式，中间没有休闲期。一年一熟地区受到气候影响，休闲期也处于每年10月到次年4月。休闲期正处于北方秋冬雨量少的季节，休闲期农田硝态氮淋失损失的可能性较低。北方设施棚室温度一般在5月下旬已稳定在30℃以上，开始陆续揭棚，6月下旬至7月上旬春茬蔬菜收获结束，由于夏季蔬菜价格远远低于冬春季节，大部分设施菜地处于敞棚休闲状态（占60%以上），一直持续到八月下旬开始种植秋茬蔬菜，九月中旬开始扣棚。设施菜地处于敞棚休闲或低植被覆盖状态的时期长达90～120d（其中敞棚休闲期40～60d）。许多研究表明，设施菜地过量施肥导致土壤中硝态氮大量累积在土壤中，在遇到降雨或者灌溉时，便随水分向下淋失，对地下水造成硝态氮污染。而北方设施菜地夏季休闲期正处于北方雨热交替的夏秋季，是农田最容易发生硝态氮淋溶的关键时期。周博等人的

研究表明（周博等，2008），通过休闲期的降雨，土壤硝态氮累积量在0~20cm土层中减少了42.5%~52.8%，在20~40cm土层中增加了1.78~2.45倍；在40cm以下土层也有相应的增加，但其增加量相对较小，且随着土层深度的增加而逐渐减少。虽然通过一些研究我们可以通过优化农田养分管理，来减少土壤中硝态氮的累积，但作物收获后土壤中仍然存有大量氮素盈余，而通过种植填闲作物可有效降低土壤硝态氮的含量，从而减少氮素淋溶风险。

近几年，我国对于利用填闲作物来降低设施菜地的研究开始受到广泛关注。任智慧认为，填闲作物应选择生长迅速、生物量大、氮素累积能力强的作物，在考虑填闲作物防治硝酸盐淋溶的同时，要兼顾其经济利用价值，并指出结合深根系的填闲作物进行合理轮作是蔬菜安全生产及可持续发展的途径之一（任智慧等，2006）。赵扩元在填闲作物生长季节中没有施用任何肥料，但玉米、大葱仍获得了较好的经济产量，分别达到8.5t/hm^2、54t/hm^2以上。种植玉米，大葱没有影响下茬黄瓜的产量以及外观品质，不施肥情况下，玉米、大葱吸氮量分别达到133kg/hm^2、93kg/hm^2。2005年经过一季填闲作物的种植，0~120cm各土层硝态氮含量均降到135kg/hm^2，2006年降到90kg/hm^2以下，明显低于休闲处理，已经不会引起较强的硝酸盐淋失。与休闲相比不但提高了氮肥的利用率，减少了氮素的淋洗，而且还有较好的经济效益（赵扩元，2007）。而于红梅则认为（于红梅，2007），目前农民习惯采用的传统施氮处理的土壤可以利用种植填闲作物的方式降低土壤硝态氮淋失风险，但优化施氮处理和经济施氮处理不宜采用。

根据相关填闲作物种植理论发现，甜玉米这种具有蔬菜、水果、食品、饲料等利用价值的作物，在消减设施菜地土壤硝态氮淋溶损失方面效果显著。郭瑞英研究发现，在对日光温室黄瓜进行推荐施肥的基础上，甜玉米作为夏季填闲作物的种植可以将体系的氮肥利用率提高7.2%，减少16%的氮素损失，而且并无显著降低下季黄瓜的产量。因此，甜玉米可以作为推荐施肥管理的有效补充引入到日光温室蔬菜种植体系（郭瑞英，2007）。任智慧等人研究表明，与休闲处理相比，种植甜玉米能有效吸收0~60cm土壤中残留氮素，实现了土壤残留氮素的再利用；0~180cm剖面中土壤硝态氮的残留量都有不同程度的降低，有效阻抑了氮素向土壤深层的淋洗，甜玉米也获得了较高的经济产量，穗净鲜重达9.2~10.2t/hm^2（任智慧等，2003）。

近年来，我国设施菜地尤其是华北平原设施栽培发展迅速，但在实际生产中，菜农为实现高效益，作物种植密度加大，肥料投入量也不断增高，其中氮肥的施用量尤其偏高，造成大量氮素累积在土壤当中，而且盈余氮素随降水和灌溉不断向土壤深层淋溶进入地下水，对环境质量产生了不良的影响（张维理等，1995；陈新平等，1996）。因此，如何在保证设施菜地作物经济效益的前提下，尽量减少过量氮素投入所带来的环境问题，同时提高设施菜地中氮素养分利用率，对蔬菜生产具有非常重要的意义。由于我国北方夏季高温多雨，不利于设施蔬菜生长，许多种植户利用这一时期采取夏季敞棚休闲的方式，通过雨水对土壤的淋洗来降低土壤中残留过多的氮素，同时减小连作带来的风险。目前利用填闲作物降低设施菜地的氮素损失方面研究较少，尚未筛选出一个适合京郊设施菜地的填闲作物。为此，本研究通过区域调查及设置田间试验，对地下水硝态氮污染分布状况及设施菜地填闲作物选择与种植应用进行研究，探索种植填闲作物对设施菜地硝态氮淋溶的阻控作用，这对改良设施菜地种植方式以及保证蔬菜生产的可持续发展具有非常重要的意义。

参考文献

陈干，罗继红. 2009. 合肥市滨湖新区硝酸盐污染研究［J］. 河北农业科学，13（3）：90－91.

陈新平，张福锁. 1996. 菜施肥的问题与对策［J］. 中国农业大学学报，1（5）：63－66.

程美廷. 1990. 温室土壤盐分累积、盐害及其防治［J］. 土壤肥料（1）：1－7.

高旺盛，黄进勇，吴大付，等. 1999. 黄淮海平原典型集约农区地下水硝酸盐污染初探［J］. 生态农业研究，7（4）：41－43.

巩建华. 2002. 蔬菜种植区化肥、农药施用及其对地下水影响的研究［D］. 北京：中国农业大学.

郭瑞英. 2007. 设施黄瓜根层氮素调控及夏季种植填闲作物阻控氮素损失研究［D］. 北京：中国农业大学.

何英. 2003. 蔬菜种植区农用化学品的投入及地下水的硝酸盐污染（以河北曲周为例）［D］. 北京：中国农业大学.

胡云才，Reinhold G，Urs S. 2004. 从德国农业氮投入来认识中国氮污染的严重性及应采取的对策［J］. 磷肥与复肥，19（5）：8－12.

蒋晓辉.2000. 滇池面源污染及其综合治理［J］. 云南环境科学，19（4）：33－34.

李翠萍，续勇波，李永梅，等.2005. 滇池湖滨带设施蔬菜、花卉的农田养分平衡［J］. 云南农业大学学报，20（6）：804－809.

李俊良，朱建华.2001. 保护地番茄养分利用及土壤氮素淋失［J］. 应用与环境生物学报，7（2）：126－129.

刘光栋，吴文良.2003. 高产农田土壤硝态氮淋失与地下水污染动态研究［J］. 中国生态农业学报，11（1）：91－93.

刘君，陈宗宇.2009. 利用稳定同位素追踪石家庄市地下水中的硝酸盐来源［J］. 环境学报，30（6）：1 602－1 607.

鲁如坤，刘鸿祥，闻大钟，等.1996. 我国典型地区农业生态系统养分循环河平衡研究Ⅳ农田养分平衡的评价方法和原则［J］. 土壤通报，27（5）：197－199.

吕世华，曾祥忠，张福锁，等.2002. 成都市农村地下水硝酸盐污染的调查研究［J］. 土壤学报，6（39）：286－293.

马文奇，毛达如，张福锁.2000. 山东省蔬菜大棚养分累积状况［J］. 磷肥与复肥，15（3）：65－67.

任智慧，陈清，李花粉，等.2003. 填闲作物防治菜田土壤硝酸盐污染的研究进展［J］. 环境污染治理技术与设备，4（7）：13－17.

任智慧，李花粉，陈清，等.2006. 甜玉米填闲减缓菜田土壤硝酸盐淋溶的研究［J］. 农业工程学报，22（9）：245－249.

宋静，骆永明，赵其国.2000. 土壤溶液采样技术进展［J］. 土壤（2）：102－106.

王凌，张国印，孙世友，等.2008. 河北省蔬菜高产区化肥施用对地下水硝态氮含量的影响［J］. 河北农业科学，12（10）：75－77.

王庆锁，孙东宝，郝卫平，等.2011. 密云水库流域地下水硝态氮的分布及其影响因素［J］. 土壤学报，48（1）：141－150.

王艳丽.2015. 京郊设施菜地水肥一体化条件下土壤 N_2O 排放的研究［D］. 北京：中国农业科学院.

于红梅，曾燕舞.2007. 填闲作物的种植对下茬蔬菜产量及土壤硝态氮含量的影响［J］. 安徽农业科学，35（8）：2 336－2 337，2 339.

张福锁，陈新平，陈清，等.1999. 中国主要作物施肥指南［M］. 北京：中国农业大学出版社，112－126.

张福锁. 1999. 对提高养分资源利用效率的几点思考. 迈向21世纪的土壤科学，中国土壤学会第九次全国委员代表大会论文集［C］. 南京中国土壤学会编，42－48.

张思聪，吕贤弼. 2000. 唐山市农业区地下水垂向剖面中硝态氮污染的研究［J］. 中国环境科学，20（3）：254－257.

张维理，田哲旭，张宁，等. 1995. 国北方农用氮肥造成地下水硝酸盐污染的调查［J］. 植物营养与肥料学报，1（2）：80－87.

赵扩元. 2007. 日光温室黄瓜种植体系土壤硝酸盐淋失的阻控措施研究［D］. 山东：青岛农业大学.

赵新峰，杨丽蓉，施茜，等. 2008. 东北海伦地区农村地下饮用水硝态氮污染特征及其影响因素分析［J］. 环境科学，29（11）：2 993－2 998.

周博，周建斌，韩东锋，等. 2008. 日光温室土壤剖面硝态氮在休闲期的运移研究［J］. 西北农业学报，17（2）：118－121.

Bohm W. 1974. Mini－rhizotrons for root observations under field conditions［J］. Zeitschrift für Pflanzenphysiologie，140：282－287.

Burket J Z，Hemphill D D，Dick R P. Winter cover crops and nitrogen management in sweet corn and broccoli rotations［J］. HortScience，1997，32（4）：664－668.

Chilton P J. 1991. Groundwater quality studies for pollution risk assessment in Barbados：Results of monitoring in the Belle and Hampton catchments，1987－1991，British Geological Survey Technical Report［R］. WD/91/40，British Geological Survey，Keyworth，Nottingham.

Datta P S，Deb D L，Tyagi S K. 1997. Assessment of groundwater contamination from fertilizers in the Delhi area based on ^{18}O，NO_3^-，and K^+ composition［J］. Journal of contaminant hydrology，27：249－262.

De Neve S，Hofman G. 1998. N mineralization and nitrate leaching from vegetable crop residues under field conditions：a model evaluation［J］. Soil Biology and Biochemistry，30（14）：2 067－2 075.

Gustafson A，Fleischer S，Joelsson A. 2000. A catchment－oriented and cost effective policy for water protection［J］. Ecological Engineering，14（4）：419－427.

Keeney D R，Follet R F. 1991. Managing nitrogen for groundwater quality and farm profitability [M]. Soil Science Society of America: 1 -7.

Pound B, Anderson S, Gundel S. 1999. Species for niches: when and for whom are cover crops appropriate [J]. Mountain Research Development, 19: 307 -312.

Ritter W F, Scarborough R W, Chirnside A E M. 1998. Winter cover crops as a best management practice for reducing nitrogen leaching [J]. Journal of Contaminant Hydrology, 34 (1 -2): 1 -15.

Thornburn P J, Biggs J S, Weier K L, et al. 2003. Nitrate in groundwater of intensive agricultural areas in coastal Northeastern Australia [J]. Agriculture, Ecosystem and Environment, 94: 49 -58.

Thorup - Kistensen K. 1993. Root development of nitrogen catch crops and of a succeeding crop of broccoli [J]. Acta Agricultural Scandinavia Section B - Soil and Plant Science, 43: 58 -64.

Thorup - Kistensen K. 2001. Are differences in root growth of nitrogen catch crop important for their ability to reduce soil nitrate - N content, and how can this be measured? [J]. Plant and Soil, 230 (2): 185 -195.

Thorup - kristensen K, Magid J, Jensen L S. 2003. Catch crops and green manures as biological tools in nitrogen management in temperate zones [J]. Advances in Agronomy, 79: 227 -302.

Thorup - kristensen K, Nielsen E. 1998. Modeling and measuring the effect of nitrogen catch crops on nitrogen supply for succeeding crops [J]. Plant and Soil, 203: 79 -89.

Van Dam A M, Leffelaar P A. 1998. Root, soil water and nitrogen dynamics in a catch cropsoil system in the wageningen Rhizolab [J]. Netherlands Journal of Agricultural Science, 46: 267 -284.

Vos J, Vander Putten P E L, Hussein M H, et a1. 1998. Field observations on nitrogen catch crops Ⅱ. Root length and root length distribution in relation to species and nitrogen supply [J]. Plant and Soil, 201: 149 -155.

Vos J, Vander Putten P E L. 1997. Field observation on nitrogen catch crops. I. Potential and actual growth and nitrogen accumulation in relation to sewing date and crop species [J]. Plant and Soil, 195 (2): 299 -309.

Wiesler F, Horst W J. 1994. Root growth and nitrate utilization of maize cultivars under field conditions [J]. Plant and Soil, 163 (2): 267 – 277.

Wyland L J, Jackson L E, Schulbach K F. 1995. Soil – plant nitrogen dynamics following incorporation of a mature rye cover crop in a lettuce production system [J]. Journal of Agricultural Science (Cambridge), 124: 17 – 25.

第九章　研究方案

一、研究思路

针对北方设施菜地土壤氮素高量残留和夏季休闲的特点，以华北平原典型设施菜地为研究对象，在区域现状和已有文献报道的基础上，设置不同的填闲作物试验，筛选出适宜夏季休闲期种植的最佳填闲作物，然后研究确定最佳填闲作物的合理种植模式，并在多个地区开展填闲作物最佳种植模式示范，同时评价填闲作物种植对设施菜地周年轮作中作物产量和环境的影响，最终总结编制最佳填闲作物种植操作技术规范（图 9－1）。

二、试验设置

（一）设施菜地最佳填闲作物筛选

试验设置在北京市房山区韩村河农业生态示范园，供试农田种植方式为设施菜地，1996 年建棚后，历年种植蔬菜。2008 年 2 月 5 日种植西兰花，7 月 5 日收获完毕，撤掉棚膜，7 月 6 日农田进入休闲期。供试土壤基本理化性状见表 9－1。

表 9－1　供试土壤的基本理化性状

土层（cm）	NH_4^+-N（mg/kg）	硝态氮（mg/kg）	全 N（g/kg）	碱解氮（mg/kg）	速效钾（mg/kg）	速效磷（mg/kg）
0～20	3.4	214.4	4.25	259.4	549.5	318.7
20～40	1.4	160.3	1.10	103.0	458.5	138.7
40～60	0.7	91.9	0.56	34.3	523.5	30.5
60～80	0.9	83.7	0.59	42.0	335.0	39.6
80～100	0.4	79.6	0.53	42.0	101.1	14.6
100～120	0.5	68.9	0.36	34.3	68.6	4.6

设置不同的填闲作物种类处理，包括甜玉米、高丹草、红叶苋菜、空心菜、小麦等 5 种作物和空白对照，共计 6 个处理，每个处理设 3 次重复，试

验共计 18 个小区，每个小区面积 $12m^2$，小区按照随机区组排列。试验时段为 2008 年 7 月 6 日至 2008 年 9 月 3 日，共计 60d。作物全部采取撒播方式种植，试验期间不施肥，出苗期各小区均匀灌溉 1 次水，清除 2 次杂草。

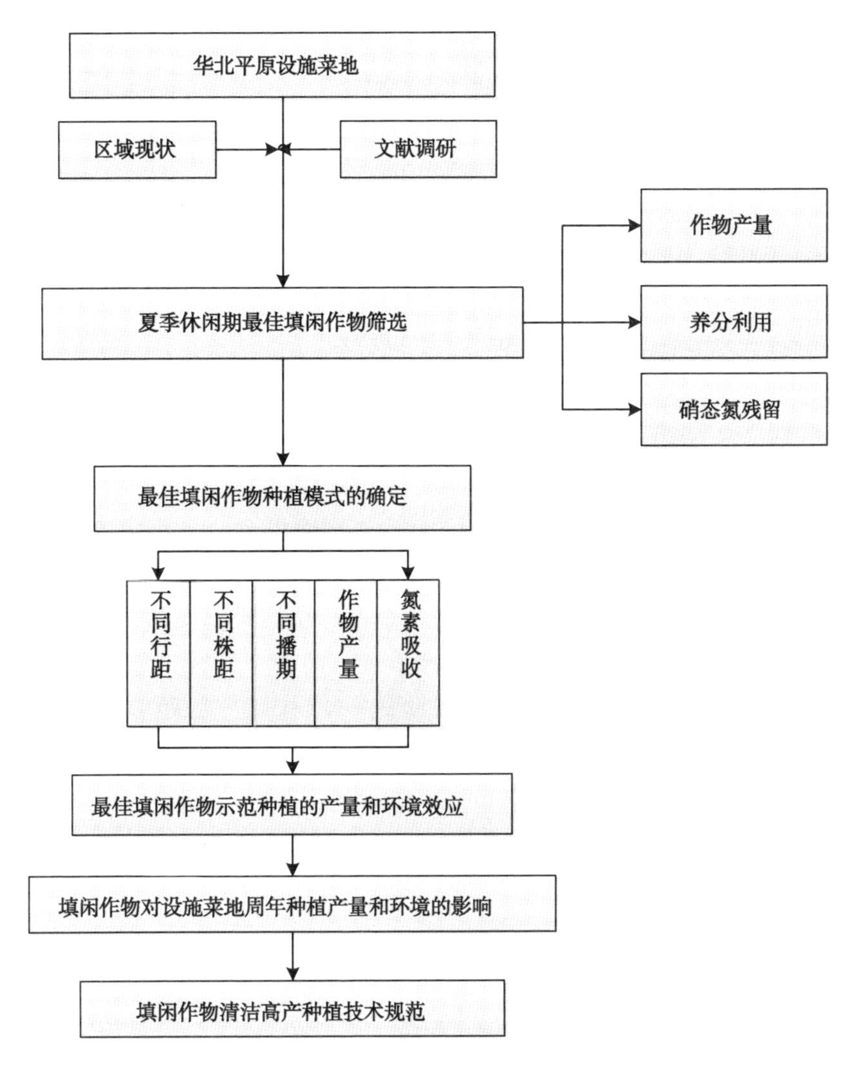

图 9－1　设施菜地填闲玉米清洁高产种植模式研究技术路线图

（二）甜玉米最佳行株距和播期研究

试验设置在北京市房山区韩村河农业生态示范园的设施菜地上。1996 年建棚后，历年种植蔬菜。2009 年 2 月 5 日种植西兰花，6 月 22 日收获完毕，撤掉棚膜，6 月 23 日农田进入休闲期，9 月 9 日休闲期结束。供试土壤基本理化性状见表 9－2。

表 9－2　供试土壤基本理化性状

试验	土壤层次（cm）	铵态氮（mg/kg）	硝态氮（mg/kg）	全氮（mg/kg）	有机质（风干基）（%）
不同行株距试验基础样	0～60	10.11	598.12	6.53	10.98
	60～120	7.41	402.34	2.70	4.36
	120～200	12.20	429.76	2.20	3.29
不同播期试验基础样	0～60	17.53	608.09	4.83	10.26
	60～120	4.65	231.79	1.43	2.33
	120～200	6.91	361.52	1.76	3.20

分别设置不同行株距试验和播期试验，甜玉米定植数为 48 000株/hm^2。行株距试验设置 6 个处理，分别用 DZ、DXZ、DX、DD、DXX、DXD 表示，每个处理设 3 次重复，共 18 个小区，每个小区面积 14m^2，小区按照随机区组排列（表 9－3）；播期试验设置 3 个处理（分别比休闲提前 5d、10d、15d 基质培育甜玉米，休闲期开始当日全部移植到设施菜地内），分别用 T5、T10、T15 表示，每个处理设 3 次重复，共 9 个小区，每个小区面积 35m^2，小区按照随机区组排列，试验统一行株距，行距 0.66m、株距 0.33m。为方便农民田间操作，在实际试验中，行株距以尺为单位，文中行株距为单位换算后数据。试验时段为 2009 年 6 月 22 日至 2009 年 9 月 9 日，共计 80d。试验期间不施肥，出苗期各小区根据苗情采取畦灌的方式均匀灌水，清除 2 次杂草。

表 9－3　不同种植行株距处理

处理代号	处理	行株距
DZ	等行距中株距	0.66m 行距；0.33m 株距
DXZ	大小行距中株距	大行 0.83m，小行 0.50m；0.33m 株距
DX	等行距小株距	0.66m 行距；0.26m 株距
DD	等行距大株距	0.66m 行距；0.40m 株距
DXX	大小行距小株距	大行 0.83m，小行 0.50m；0.26m 株距
DXD	大小行距大株距	大行 0.83m，小行 0.50m；0.40m 株距

（三）填闲甜玉米示范种植的经济产量及环境效益分析

试验位于北京市郊的门头沟、大兴、房山和通州等4个区（表9－4），供试农田为15个棚龄在5年以上的典型设施菜地，冬春季蔬菜在6月中旬前收获完毕，揭掉棚膜，6月23～25日农田进入休闲期，9月9～12日休闲期结束。

表9－4 供试土壤类型及质地状况

试验点编号	地点	土壤类型	土壤质地	有机质（g/kg）	全氮（g/kg）
门头沟1～2	北京市门头沟区碧琨种植中心	褐土	轻壤质	25.1～37.6	1.892～2.346
大兴3～9	北京市大兴区魏善庄镇张家场村	潮土	砂壤质	20.4～26.2	0.889～1.804
房山10～12	北京市房山区韩村河农业生态示范园	褐土	轻壤质	53.3～56.2	3.776～3.859
通州13～15	北京市通州区张家湾毅能达种植专业合作社	潮土	轻壤质	25.8～39.3	1.711～2.583

在每试验点分别设置两个处理：即种植处理（种植甜玉米）和对照处理（常规休闲，不种植任何作物），不设重复，采用多点田间对比试验方式，种植和对照处理分别占用3/4和1/4的菜田面积。供试甜玉米为中国农业科学院作物科学研究所培育的“绿色超人”品种。在冬春茬作物收获后，揭掉棚膜，清除上茬作物残体，试验时段为2009年6月23日至9月12日。根据上述基于经济和环境效益进行的甜玉米行株距和播期试验结果，确定本试验点甜玉米的种植方式。各试验点种植行株距相同，均为大小行（0.83m大行距、0.50m小行距）和0.33m株距，均在试验开始前10d育苗。在整个甜玉米生育期内，不施用任何肥料，出苗期根据苗情采取畦灌的方式均匀灌水，清除2次杂草。

（四）填闲甜玉米对设施菜地周年种植作物产量和环境的影响

该试验于2010年7月至2012年11月在河北省徐水县留村乡荆塘铺村大棚进行。该区域地处北纬38°9′～39°9′，东经115°19′～115°46′，属大陆性季风气候，四季分明，光照充足，年日照时数平均2 744.9h。年平均气温

11.9℃，年无霜期平均184d，年均降水量546.9mm，夏季多雨，降水量占全年的75%左右。徐水番茄种植起步于1983年。三十年来，该县的西红柿远销北京、天津、山西、内蒙古自治区、东北等地，并打入俄罗斯市场。从2006年开始，番茄产量突破了1.68亿kg，成为华北地区最大的番茄生产基地。

试验地点为11年以上的大棚，无保温墙体，始建于1999年，长约83m，宽7.3m，拱棚最低约3m，最高处可达4.5m，棚内设有保温加热装置。在当地具有较广泛的代表性，耕作方式为底肥撒施后耕翻，采用大棚蔬菜普遍种植模式—“小高畦”模式（图9－2），作物在垄上种植，垄背灌溉。此灌溉模式相对节水，有利于降低棚内空气湿度，减少病虫害。

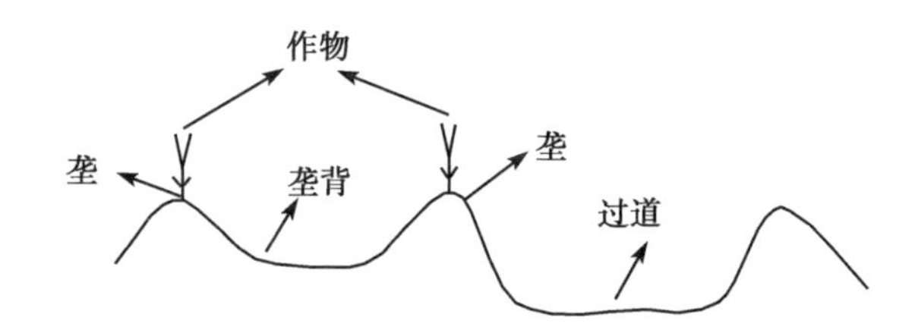

图9－2　“小高畦”种植模式

供试土壤：土壤为褐土，试验开始前0～200cm土层土壤理化性状见表9－5。供试作物：春番茄（品种：东圣小宝501）；甜玉米（甜玉4号）。供试肥料：有机肥为腐熟牛粪，养分含量：N 0.62%、P 0.48%、K 0.61%；氮肥为尿素，含N量46%；磷肥为普通过磷酸钙，含P_2O_5 17%；钾肥为硫酸钾，含K_2O 52%。试验各处理P、K肥用量一致。

表9－5　供试土壤理化性质

土层（cm）	pH值	有机质（g/kg）	全氮（g/kg）	全磷（g/kg）	全钾（g/kg）	碱解氮（mg/kg）	速效磷（mg/kg）	速效钾（mg/kg）	土壤容重（g/cm³）
0～20	7.74	41.51	2.50	3.62	10.82	172.84	562.76	325.82	1.49
20～40	8.20	13.43	0.84	1.82	11.02	63.80	248.87	147.42	1.56
40～60	8.21	5.00	0.26	0.96	11.03	17.58	27.24	89.32	1.53
60～80	8.20	3.68	0.21	0.99	10.86	14.65	17.55	75.65	1.61
80～100	8.18	2.74	0.18	1.02	10.65	10.74	13.85	61.30	1.60
100～120	8.42	3.30	0.21	1.04	10.68	10.74	15.76	55.37	1.58
120～140	8.32	2.17	0.12	1.03	11.14	8.79	14.89	54.01	1.61
140～160	8.20	2.92	0.15	1.03	10.90	9.44	16.96	57.65	1.63

（续表）

土层（cm）	pH	有机质（g/kg）	全氮（g/kg）	全磷（g/kg）	全钾（g/kg）	碱解氮（mg/kg）	速效磷（mg/kg）	速效钾（mg/kg）	土壤容重（g/cm^3）
160～180	8.19	2.17	0.12	1.02	10.86	8.79	13.26	48.54	1.65
180～200	8.26	0.66	0.09	1.06	10.53	8.14	11.21	35.32	1.66

常规施肥处理的养分施用量是在试验地区通过调查而定，优化施肥是在常规施肥的基础上保持有机肥量不变，尿素的施用量分别减少至60%和45%，无机氮肥按不同施氮水平分别施入，无机磷肥为1 500kg/hm^2与有机肥一起作为基肥一次性施入。钾肥为577.17kg/hm^2。常规施肥和优化施肥两个处理分别按照各自施氮水平，将20%尿素、40%硫酸钾作为基肥施入。此后，尿素和硫酸钾均追肥6次，用量如下：尿素初花期10%；初果期20%；盛果期50%（分4次施用），硫酸钾初花期10%、初果期15%、盛果期35%（分4次施入，施入日期同氮肥），所用追肥均采用浇施方式分小区施入（表9－6），在番茄收获完成后在夏季多雨敞棚期MCC处理小区种植填闲作物甜玉米，其他处理为自然休闲。

表9－6　试验各处理无机肥施用情况　（kg/hm^2）

处理	总量			基肥			初花期			初果期			盛果期		
	N	P_2O_5	K_2O	N	P_2O_5	K_2O	N	P_2O_5	K_2O	N	P_2O_5	K_2O	N	P_2O_5	K_2O
CK	0	255	300.13	0	255	120.06	0	0	30	0	0	45.02	0	0	105.05
OM	0	255	300.13	0	255	120.06	0	0	30	0	0	45.02	0	0	105.05
MC	600	255	300.13	120	255	120.06	60	0	30	120	0	45.02	300	0	105.05
MO1	360	255	300.13	72	255	120.06	36	0	30	72	0	45.02	180	0	105.05
MO2	270	255	300.13	54	255	120.06	27	0	30	54	0	45.02	180	0	105.05
MCC	600	255	300.13	120	255	120.06	60	0	30	120	0	45.02	135	0	105.05

注：CK氮素空白＋休闲；OM单施有机肥＋休闲；MC常规施肥＋休闲；MO1优化施肥60%＋休闲；MO2优化施肥45%＋休闲；MCC常规＋填闲

三、样品采集

（一）土壤样品采集与测定

试验开始前以整个供试农田为单元用“S”混合采样法采集基础土样，

分析土壤有机质、全氮、全磷、全钾、硝态氮、铵态氮、速效磷、速效钾、碱解氮、pH 值和土壤容重等指标。每季作物收获后以 20cm 为采样单位分小区采集 0~400cm 以内的新鲜土样过 5mm 筛后，称取 12.00g 于 180ml 的塑料瓶中，加入 100ml 浓度为 0.01mol/L 的氯化钙溶液，振荡 1h 后过滤，滤液冷冻保存，测定前将滤液解冻，连续流动分析仪检测硝态氮、NH_4^+-N 含量。

（二）植物样采集与测定

填闲作物筛选研究中，植株样采集以 15d 为时段，分别在作物种植后 15d，30d，45d 和 60d 采集，采取整株采集方法，根据作物在不同生育期大小，选取若干株有代表性的单株，现场称鲜重。其他研究中，植株样采取整株采集法，每个菜田采集有代表性甜玉米 10 株；采样后分穗和秸秆称鲜重，送化验室烘干待测。在番茄结果盛期采番茄果实样和收获结束期采地上部植株样（去残留果），烘干磨碎凯氏定氮法检测氮素含量。

（三）水样采集与测定

在敞棚休闲期连续监测降水和淋溶水量，并采集水样。降水监测采用虹吸式雨量计，淋溶水监测采用地下淋溶原位监测装置（图 9-3）。连续流动分析仪法检测水样 NH_4^+-N 和硝态氮两项指标。

四、样品检测与数据处理

（一）样品检测

风干土样测定方法参考鲍士旦（2000）方法，土壤含水量：烘干法；土壤有机质：重铬酸钾容量法—外加热法；土壤全氮：半微量开式法；土壤碱解氮：碱解扩散法；土壤全磷：钼锑抗比色法；土壤速效磷：0.5mol/L $NaHCO_3$法；土壤全钾：NaOH 熔融，火焰光度法；土壤速效钾：NH_4OAc 浸提，火焰光度法；土壤 pH 值，电位法；土壤容重，环刀法。鲜土壤检测指标包括硝态氮和铵态氮，植株样检测指标为全氮（表 9-7）。

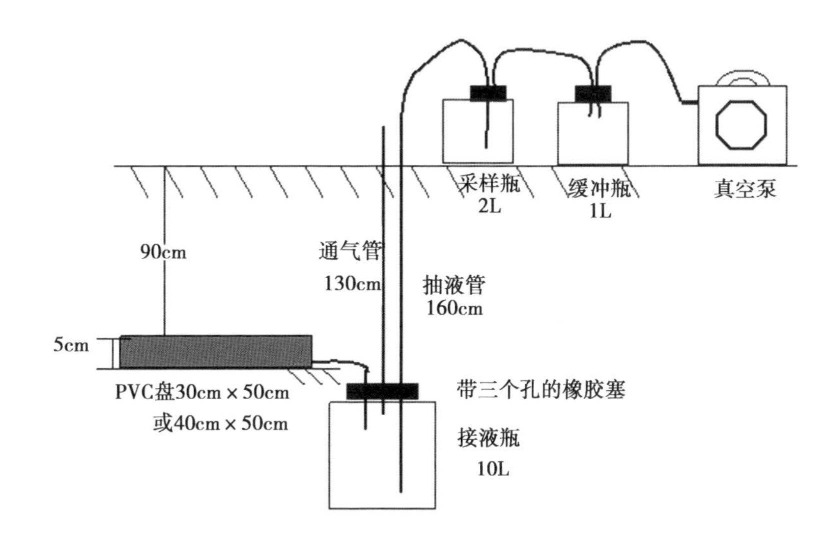

图 9－3　地下原位监测装置

表 9－7　样品检测指标及方法

检测指标		检测方法
	全 N	半微量开氏法
土壤	硝态氮	0.01mol/L $CaCl_2$ 浸提—紫外分光光度计法
	NH_4^+-N	0.01mol/L $CaCl_2$ 浸提—靛酚蓝比色法
植株	全 N	$H_2SO_4-H_2O_2$ 消煮，凯氏定氮法

（二）数据处理

试验数据采用 Microsoft Excel 2010 制作图表，采用 SPSS10.0 软件进行（One－Way ANOVA）数据差异的显著性分析。

经济效益（元/hm^2）＝产量（kg/hm^2）×单价（元/kg）－投入（元/hm^2）；

氮素利用率是指施入的肥料被当季作物吸收利用的百分率，其公式如下：

氮素利用率（%）＝（施氮区作物氮素吸收量－不施氮处理作物氮素吸收量）/施氮小区施氮量×100；

氮的表观平衡损失根据氮平衡模式计算，根据氮素输入输出平衡原理，即：

氮表观损失＝氮输入－作物吸收－土壤无机残留氮

氮输入包括起始无机氮、化肥氮、有机肥带入氮、灌溉水带入氮和矿化氮 5 项，氮输出包括作物吸收、无机氮残留和表观损失 3 项。其中，氮素的矿化是根据不施氮区作物吸氮量与试验前后土壤无机氮的净变化来加以估算的，不考虑氮肥的激发反应，假定施肥处理的氮素矿化量和不施氮区相同。

土壤氮素净矿化（kg/hm^2）＝不施氮肥区地上部吸氮量（kg/hm^2）＋不施氮肥区土壤残留无机氮（kg/hm^2）－不施氮肥区起始无机氮量（kg/hm^2）

收获后的土壤剖面硝态氮含量差值＝对照处理收获后土壤硝酸盐含量－甜玉米种植处理收获后土壤硝酸盐含量。

参考文献

鲍士旦 . 2000. 土壤农化分析［M］. 北京：中国农业出版社 .

第十章　设施菜地填闲作物筛选

在北方设施菜地，由于过量肥水投入造成作物收获后土壤硝态氮大量残留并淋失，给地下水硝酸盐污染带来极大风险。北京市设施菜地全年氮肥用量平均达1 732kg/hm^2，相当于蔬菜氮素吸收量的4.5倍，相当于冬小麦、夏玉米轮作粮田的3.8倍。对北京115个温室大棚的研究表明（刘宏斌等，2004），蔬菜收获后0~90cm土壤剖面中硝态氮残留量高达480kg/hm^2。调查研究表明，山东寿光18 400hm^2大棚蔬菜可能淋失的氮素为23 300t，所带来的环境风险可使23.3亿m^3的地下水硝酸盐含量提高10mg/L（袁新民等，1999）。

6月下旬至7月上旬春茬蔬菜收获结束，大部分北方设施菜地处于敞棚休闲状态（约占60%），一直持续到8月下旬开始种植秋茬蔬菜，九月中旬开始扣棚。处于敞棚休闲或低植被覆盖状态的时期长达90~120d（其中敞棚休闲期40~60d）。鉴于北方设施菜地过量施氮仍较普遍（刘宏斌，2002），蔬菜收获后土壤硝态氮残留量高，加之设施菜地有机质含量丰富、微生物活跃，有机氮矿化能力强，6~9月又是北方降雨最为集中的时期（占全年降水量60%以上），在没有植物利用或缺乏有效利用的条件下，土壤硝态氮淋失风险极大。因此，夏季敞棚休闲期有可能成为我国北方设施菜地土壤硝态氮淋失的重要时期。

填闲作物是指主要作物收获后，在多雨季节种植以吸收土壤氮素、降低耕作系统中的氮淋溶损失，并将所吸收的氮转移给后季作物的作物（Vos J et al，1998；Gustafson A et al，2000）。随着氮素过量施入及硝酸盐淋溶越来越严重，近几年我国对于利用填闲作物降低硝酸盐淋溶方面的研究较多，但尚无筛选出较为合适的填闲作物。本研究以北京市房山区韩村河农业生态示范园蔬菜种植区为研究试区，以设施菜地为研究对象，以夏季敞棚休闲期为关键研究阶段，研究该期设施菜地硝态氮淋失潜力，筛选适宜于北方夏季种植、生长迅速、高效吸氮且具有一定经济效益的填闲作物，为控制我国北方集约化蔬菜种植区硝态氮淋失、减轻地下水污染提供依据。

一、填闲作物的生物量和吸氮量

5 种作物中，甜玉米的生物量和吸氮能力都显著优于其他 4 种（$P<0.05$），分别达到 92 335kg/hm^{2}和 330kg/hm^2（图 10－1），甜玉米的生物量与高丹草和红叶苋菜相差不大，但吸氮量明显高于后两者，分别高出 165kg/hm^{2}和 171kg/hm^2。说明甜玉米对氮的累积能力强于高丹草和红叶苋菜。红叶苋菜的生物量低于高丹草，而吸氮量却高于高丹草，表明红叶苋菜的氮累积能力优于高丹草。空心菜和小麦的生物量和吸氮量相对较低，它们对氮的累积能力相对较差。

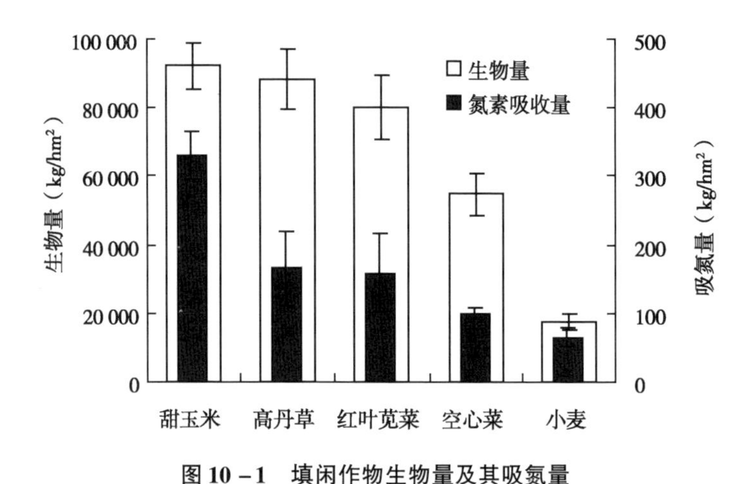

图 10－1　填闲作物生物量及其吸氮量

二、填闲作物不同生育期的吸氮特征

整个生育期，甜玉米的单株吸氮量及单株吸氮量增长速率明显高于其他 4 种作物（$P<0.01$），前期（7 月 20 日至 8 月 19 日）甜玉米吸氮速率相对平缓，后期（8 月 19 日以后）吸氮量急剧增长，速率明显提高，其他 4 种作物的吸氮量增长趋势缓慢，增长速率低（图 10－2）。由于甜玉米生育期较短（3 个月左右），但最终生物量很大。因此，它必须快速大量吸收氮素以满足其需求，特别是进入大喇叭口期生长迅速，需氮量大增，吸氮速率急剧变大。7 月到 9 月是北方降雨集中期，而甜玉米能在此期间大量快速吸收土壤中的氮素，可以有效减少设施菜地土壤硝酸盐的淋失。

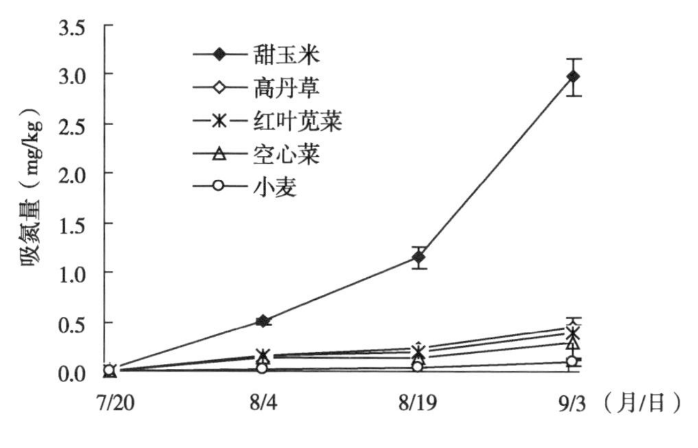

图 10－2 填闲作物不同生育期吸氮量

三、种植填闲作物前后土壤硝态氮含量变化情况

经过休闲期后，6 个处理 0～120cm 土层硝态氮含量均有不同程度减少，其中减少最明显的是甜玉米，减少近 140kg/hm^2，其次为高丹草，减少量为 120kg/hm^2，不种作物的处理小区减少量最少，减少量仅为甜玉米的 1/2 左右。其原因除了作物吸收部分外，还可能是雨水及灌溉水形成的下渗水为硝态氮的迁移提供载体（彭林等，1996），导致浅层硝酸盐向深层淋失，而强降水则使土壤表层硝态氮淋溶到相当深度（张庆忠等，2002）。6 个处理 0～60cm 土层硝酸盐均有不同程度降低，但降低量不同，其中甜玉米、高丹草和红叶苋菜降低最多，三者硝态氮减少量相近，均在 106kg/hm^2 以上。6 个处理 60～120cm 硝酸盐含量有增有减，其中种植甜玉米的处理降低最多，硝态氮减少量近 20kg/hm^2，其他处理按照减少量大小顺序依次为高丹草、小麦和 CK，而种植红叶苋菜和空心菜后，60～120cm 土层硝酸盐含量增加，特别是红叶苋菜，硝态氮增加量近 30kg/hm^2（表 10－1）。

表 10－1 种植填闲作物后不同土层硝态氮减少量

处理	硝态氮（kg/hm^2）		
	0～60cm	60～120cm	0～120cm
甜玉米	－107.2 ±1.5	－18.3 ±18.5	－137.8 ±19.8
高丹草	－106.8 ±9.6	－9.1 ±6.5	－120.2 ±14.9
红叶苋菜	－109.6 ±3.5	28.6 ±21.2	－86.1 ±28.2

（续表）

处理	硝态氮（kg/hm^2）		
	0～60cm	60～120cm	0～120cm
空心菜	－96.1±3.2	12.0±8.2	－88.9±4.4
小麦	－95.5±18.0	－6.7±13.4	－106.1±31.5
CK	－61.9±21.4	－10.7±7.1	－74.8±25.1

注：数据前有－，表示硝态氮含量降低；数据前有＋，表示 NO_3-N 含量增高。±后为标准偏差（RSD）

休闲期后，6 个处理的 0～20cm，20～40cm，40～60cm 等 3 个土层硝酸盐含量均有减少，且种植填闲作物的 5 个处理减少均较明显。甜玉米和高丹草 60～80cm 及 80～100cm 两个层次的硝酸盐含量降低，其他 4 种处理呈现增加现象，可见空心菜、红叶苋菜、小麦和 CK 均从 60cm 开始出现硝酸盐积累，至 100～120cm，各处理均有硝酸盐增加趋势，特别是红叶苋菜和小麦在 80～120cm 土层累积量大，高于 CK 的含量，分别高 45mg/kg 和 35mg/kg。原因可能是红叶苋菜和小麦的根系等改变土壤性状而促进了硝酸盐向深层淋失，而甜玉米和高丹草则能显著降低 0～100cm 土层硝态氮的残留量，减少硝酸盐淋失。

四、讨论与结论

本研究表明，填闲作物能够显著降低设施菜地硝酸盐淋失量，尤其是甜玉米和高丹草等禾本科植物。这与 Meisinger 等人（2002；1991）的研究结果是一致的。原因主要在于填闲作物不仅延长植被覆盖时间，并通过植株蒸腾和养分吸收作用大量消耗土壤剖面中的水分和氮素（Strock J S, et al, 2004），控制土壤剖面硝态氮向下淋溶。本试验还发现有些作物虽能降低浅层土壤硝酸盐含量，但促进了硝酸盐向深层的淋失，如红叶苋菜和小麦。

填闲作物作为有效的氮库不仅应具备一定的生物量（Thorup－kristensen K et al, 2003），而且作物自身氮素累积能力也是影响填闲作物吸氮和阻控土壤硝酸盐淋溶的重要因素。属于 C_4 植物的甜玉米由于其高光效的代谢特点，生长迅速，生物量大且根系发达，能在降水集中的较短期间内大量吸收硝酸盐。已有试验也有选择 C_4 作物作为填闲作物，包括青贮玉米、糯玉米、甜玉米等（任智慧，2003），但任智慧（2003）的研究表明，苋菜的氮素提取能力比甜玉米高，且种植甜玉米和苋菜后的90cm以下土层硝酸盐含量并没有降低。张丽娟（2004）的研究表明，夏季种植高丹草对土壤上层氮素的吸收消耗大于玉米，高丹草比玉米在截获残留硝态氮，阻止其大量向下迁移的作用更强，与本试验有一定分歧。本试验表明，高丹草和红叶苋菜对浅层土壤硝酸盐吸收效果较好，且高丹草能较好降低80～100cm层次的硝酸盐含量，但是甜玉米对0～120cm土层氮素提取和截获的总体能力显著强于前两者。研究结果的分歧与土壤基本条件、生长环境、管理措施以及作物品种等有关系。种植红叶苋菜和小麦的处理促进硝酸盐向深层次（80～120cm）的淋失，可能因为两者的根系生物量小，且主要分布在较浅土层，上层土壤中未被作物吸收的硝酸盐，被淋洗至下层。

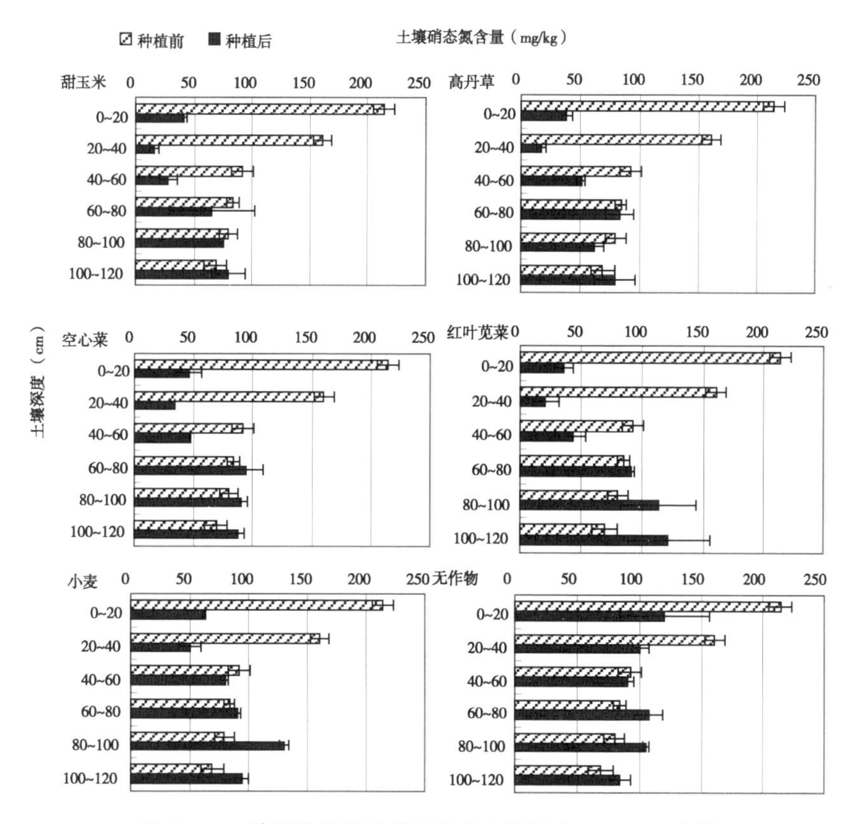

图10－3　填闲作物种植前后各个土壤层次NO_3－N含量

综上分析和讨论，甜玉米自身生物量大，吸氮量大且速率高，不仅可以大幅度降低浅层土壤硝酸盐残留量，还能有效地吸收深层土壤的硝酸盐。因此，可以较好地防治土壤及地下水硝酸盐污染。

参考文献

刘宏斌，李志宏，张云贵，等．2004. 北京市农田土壤硝态氮的分布与累积特征［J］. 中国农业科学，37（5）：692－698.

刘宏斌．2002. 施肥对北京市农田土壤硝态氮累积与地下水污染的影响［D］. 北京：中国农业科学院．

彭林，王继增，余存祖．1996. 侵蚀旱作土壤氮素吸收利用与淋溶损失［J］. 土壤侵蚀与水土保持学报，2（2）：9－16.

任智慧．2003. 京郊露地菜田土壤硝酸盐累积及阻控对策［D］. 北京：中国农业大学．

袁新民，李晓林，同延安，等．1999. 陕西关中地区蔬菜地土壤的硝态氮累积［J］. 土壤侵蚀与水土保持学报，5（5）：102－105.

张丽娟．2004. 农田生态系统中残留硝态氮的行为及植物利用［D］. 北京：中国农业大学．

张庆忠，陈欣，沈善敏．2002. 农田土壤硝酸盐累积与淋失研究进展［J］. 应用生态学报，13（2）：233－238.

Gustafson A，Fleischer S，Joelsson A. 2000. Catchment oriented and cost effective policy for water protection［J］. Ecological Engingleering，14（4）：419－427.

Meisinger J J，Delgado J A. 2002. Principles for managing nitrogen leaching［J］，Journal of Soil and Water Conservation，57：485－498.

Meisinger J J，Hargeove W L，Mikkelsen R L，et al. 1991. Effect of cover crops on groundwater quality［G］// Hargrove W L. ed. Cover Crops for Clean Water. Los Angeles，USA：Soil and Water Conservation Society，57－68.

Strock J S，Porter P M，Russelle M P. 2004. Cover cropping to reduce nitrate loss through subsurface drainage in the northern U. S. Corn Belt［J］. Journal of Environmental Quality，33（3）：1 010－1 016.

Thorup－kristensen K，Magid J，Jensen L S. 2003. Catch crops and green manures as biological tools in nitrogen management in temperate zones［J］. Advances in Agronomy，79：227－302.

Vos J, Vander Putten P E L, Hussein M H, et al. 1998. Field observations on nitrogen catch crops. Ⅱ. Root length and root length distribution in relation to species and nitrogen supply [J]. Plant and Soil, 201 (1): 149 - 155.

第十一章　甜玉米最佳行株距和播期研究

北方菜地地下水硝酸盐污染严重（寇长林等，2005；Zhang et al，1996；Guimera et al，1998；Thind et al，2002），菜地区域地下水上部3 m蓄水层硝态氮含量比邻近的上游农田地下水硝态氮含量高20倍（Stites et al，2001）。研究表明，北京市平原农区地下水中硝态氮主要来自于氮素淋溶（刘宏斌等，2006）。北方6~9月降雨占全年降水量60%以上，同期，60%以上设施菜地恰处于敞棚休闲或低植被覆盖状态，因菜地土壤硝态氮含量高，致使这段时期成为设施菜地硝态氮淋溶的主要时期（张继宗等，2009）。填闲作物是指主要作物收获后，在多雨季节种植以吸收土壤氮素、降低耕作系统中的氮淋溶损失，并将所吸收的氮转移给后季作物的作物（Gustafson et al，2000；Vos J et al，1998）。研究表明，种植填闲作物可以显著降低土壤中硝酸盐的含量（Vos J et al，1998；Meisinger et al，2002；Gustafson et al，2000；刘杏认等，2006）、有效减少休闲期硝态氮淋溶（张继宗等，2009）。而甜玉米耐高温、生长快、高效吸氮且具有较高经济价值，已被证明是适合北方设施菜地夏季敞棚休闲期种植的填闲作物之一（张继宗等，2009）。多个研究结果证明，不同播种日期、不同种植行株距，均能显著影响作物产量（张子福，2007；马东钦等，2010；王晓玲等，2006；朱丹华等，2010），但少见我国北方设施菜地夏季敞棚休闲期甜玉米不同种植行株距或不同播期方面的研究。

本研究以北京市郊区设施菜地为研究对象，以夏季敞棚休闲期为研究时段，设置不同种植行株距和播期两个田间试验、并就吸氮效果和产量两方面进行对比分析，探索既能有效减少北方设施菜地种植区硝态氮淋溶，降低地下水污染风险，又能获得一定经济产量，提高菜农收入的夏季敞棚休闲期甜玉米种植方式。

一、不同行株距甜玉米的吸氮效果和鲜穗产量

DXX处理（大小行距、0.26 m株距）的甜玉米吸氮能力最强，吸氮量达289kg/hm^2，显著优于其他5个处理（$P<0.05$），高出其他处理24~71kg/hm^2（图11-1）。

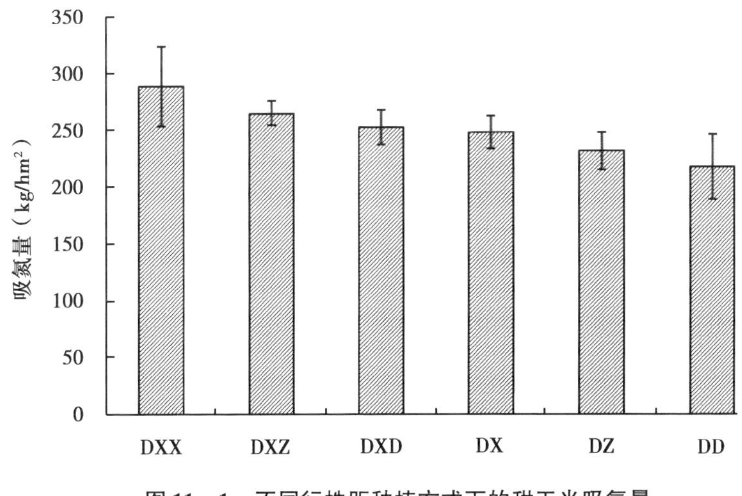

图 11－1　不同行株距种植方式下的甜玉米吸氮量

甜玉米收获后，6 个不同行株距处理的小区土层硝态氮含量均有不同程度减少（表 11－1）。就行距而言，大小行处理 0～200cm 土层硝态氮减少量显著大于等行距处理；DXX 处理的土层硝态氮减少量最为明显，达 649kg/hm²，显著高于其他 5 个处理（$P<0.05$）；不同株距处理间，以 0.26m 株距处理的土层硝态氮减少量最为明显。

表 11－1　不同行株距种植方式下各土层硝态氮减少量

（kg/hm²）

处理	0～200cm	0～60cm	60～120cm	120～200cm
DXX	－649.0 ±5.622	－427.3 ±0.934	－69.7 ±3.204	－251.9 ±1.484
DXZ	－529.4 ±5.261	－378.6 ±0.539	－73.1 ±2.534	－77.7 ±2.187
DXD	－437.4 ±3.618	－400.7 ±1.149	9.3 ±1.289	－45.9 ±1.180
DX	－324.7 ±4.583	－342.0 ±1.222	83.4 ±1.010	－66.0 ±2.352
DZ	－320.0 ±3.886	－359.2 ±0.688	84.9 ±2.119	－45.7 ±1.079
DD	－282.7 ±4.560	－356.8 ±1.483	80.7 ±2.281	－6.6 ±0.796

注：数据前有＋，表示硝态氮量积累；数据前有－，表示硝态氮量降低。±后为标准偏差（RSD）

DXX 处理的甜玉米产量显著优于其他 5 个处理（$P<0.05$），高出 4 474kg/hm²以上（图 11－2）。

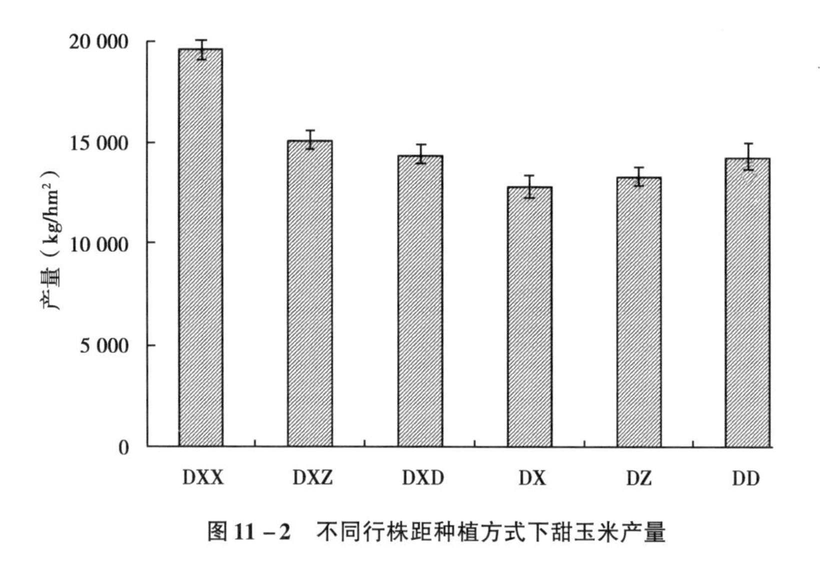

图 11－2　不同行株距种植方式下甜玉米产量

二、不同播期种植甜玉米的吸氮效果和鲜穗产量

不同播期种植的甜玉米吸氮量存在差异，T10 处理的甜玉米吸氮能力显著优于其他 2 个处理（$P<0.05$），吸氮量分别高出后者 16kg/hm^2 和 37kg/hm^2（图 11－3）。

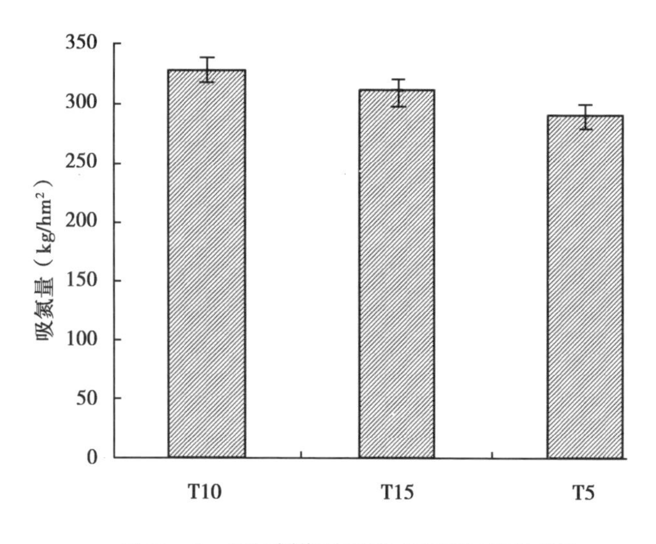

图 11－3　不同播期种植方式下甜玉米吸氮量

甜玉米收获后，3 个播期处理 0 ~ 200cm 土层硝态氮含量均有不同程度降低（表 11 - 2），其中降低量最明显的是 T10 处理，减少量为 357.7kg/hm²，其次为 T15 处理，但与减少量最小的 T5 处理差别不大。

表 11 - 2　不同播期种植方式下各土层硝态氮减少量

（kg/hm²）

处理	0 ~ 200cm	0 ~ 60cm	60 ~ 120cm	120 ~ 200cm
T10	- 357.7 ± 21.161	- 439.1 ± 0.527	38.4 ± 15.333	43.0 ± 0.878
T15	- 287.4 ± 6.610	- 374.6 ± 0.246	62.4 ± 0.314	24.8 ± 2.354
T5	- 263.4 ± 10.428	- 422.4 ± 2.205	83.5 ± 0.959	75.6 ± 3.122

注：数据前有 +，表示硝态氮量积累；数据前有 -，表示硝态氮量降低。± 后为标准偏差（RSD）

T10 处理的甜玉米经济产量显著（$P < 0.05$）高于其他两个处理，达 19 853kg/hm²（图 11 - 4），分别高出 3 422kg/hm² 和 2 798kg/hm²；T5 处理产量高于 T15 处理，但差值不明显。

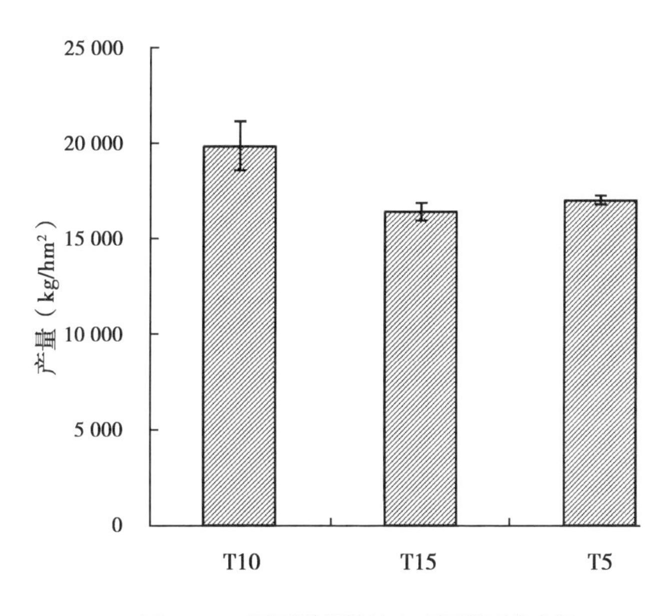

图 11 - 4　不同播期种植方式下甜玉米产量

三、讨论与结论

C_4植物比C_3植物光合作用强，生长迅速且生物量大，根系较发达、吸氮能力强。作为C_4植物的甜玉米，已在前期试验（张继宗等，2009）中被证明是适合北方设施菜地夏季敞棚休闲期种植的优良填闲作物之一。本研究结果表明，在单位面积种植作物株数相等条件下，大小行排列，适当缩小株距可有效增强甜玉米吸氮能力，减少土层中硝态氮含量，并能增加甜玉米鲜穗产量。本试验条件下，大小行距（大行 0.83m；小行 0.50m）、较小株距（0.26m）为北方设施菜地夏季休闲期兼顾经济与环境效益甜玉米最佳种植行株距。有人研究证明，在单位面积甜玉米种植株数相同条件下，大小行较等行距种植更利于干物质的累积（梁书荣等，2010），便于经济产量的提高（梁熠等，2009）。原因可能在于，大小行种植更利于通风，方便作物充分利用光和CO_2进行光合作用，促进作物生长发育，使根系数量增多，叶面积增大（刘武仁等，2003），从而增强玉米从土壤吸氮的能力，提高植株和鲜穗产量。

本研究结果还表明，适当提前播期可以有效增强甜玉米吸氮能力，提高鲜穗产量。本实验条件下，提前10d播种为北方设施菜地夏季休闲期兼顾经济与环境效益的甜玉米最佳播期。甄畅迪研究结果表明，不同播期超甜玉米穗轴重、鲜百粒重和单苞鲜重变异幅度大（甄畅迪等，2009），不同播期对产量有显著性影响（续创业等，2008；陈晓威，2009；鹿文成等，2005；赵玉庭等，2001）。播期的推迟导致总生育日数、营养生长期和生殖生长期都相对缩短，从而使甜玉米得不到充分的营养积累而影响产量。因此，在条件许可下，应适期早播，但播种时期过早也可能造成出苗率降低（食品商务网，2007；王志峰，2010）。这可能与光照、土壤墒情、微生物环境等因素有关，适宜播期（提前10d）恰逢光照充足、墒情适中、土壤有机氮矿化能力强、氮源充足，各种因素为甜玉米成长提供最佳条件，促使长势旺盛、吸氮量大，产量高。

参考文献

陈晓威．2009．不同播期对玉米生长发育及产量的影响［J］．辽宁农业职业技术学院学报，11（1）：9－11．

寇长林，巨晓棠，张福锁.2005. 三种集约化种植体系氮素平衡及其对地下水硝酸盐含量的影响［J］.应用生态学报，16（4）：660－667.

梁书荣，赵会杰，李洪岐，等.2010. 密度、种植方式和品种对夏玉米群体发育特征的影响［J］.生态学报，30（7）：1 927－1 931.

梁熠，齐华，王敬亚，等.2009. 宽窄行栽培对玉米生长发育及产量的影响［J］.玉米科学，17（4）：97－100.

刘宏斌，李志宏，张云贵，等.2006. 北京平原农区地下水硝态氮污染状况及其影响因素研究［J］.土壤学报，43（3）：405－413.

刘武仁，冯艳春，郑金玉，等.2003. 玉米宽窄行种植产量与效益分析［J］.玉米科学，11（3）：63－65.

刘杏认，任建强，刘建玲.2006. 不同氮水平下有机肥碳氮比对土壤硝态氮残留量的影响.干旱地区农业研究，24（4）：30－32.

鹿文成，闰洪睿，张雷，等.2005. 不同播期对大豆产量和品质的影响［J］.耕作与栽培（5）：35－36.

马东钦，王晓伟，朱有朋，等.2010. 播种期和种植密度对小麦新品种豫农202产量构成的影响［J］.中国农学通报，26（1）：91－94.

王晓玲，张秀荣，李春清.2006. 播种期和种植密度对中芝11产量及产量要素的影响［J］.现代农业科技，01：55－57.

续创业，郝建平.2008. 不同播期对不同品种玉米产量的影响［J］.山西农业科学，36（4）：37－38.

张继宗，刘培财，左强，等.2009. 北方设施菜地夏季不同填闲作物的吸氮效果比较研究［J］.农业环境科学学报，28（12）：2 663－2 667.

张子福.2007. 播种期和种植密度对夏芝麻产量的影响［J］.安徽农业科学，35（25）：7 799－7 802.

赵玉庭，刘述斌.2001. 四川盆中丘陵旱区玉米高产播期研究.［J］西南农业学报，13（2）：39－45.

甄畅迪，王蕴波，邓日烈.2009. 不同播期对超甜玉米穗部性状的影响研究［J］.佛山科学技术学院学报，27（5）：60－63.

朱丹华，傅旭军.2010. 播种期与密度对浙秋豆3号主要经济性状的影响［J］.浙江农业科学（1）：88－90.

Guimera J. 1998. Anomalously high nitrate concentrations in ground water［J］. Ground Water，36：275－282.

Gustafson A, Fleischer S, Joelsson A A. 2000. Catchment oriented and cost elfective policy for water protection [J]. Ecological Engineering, 14 (4): 419 -427.

Meisinger J J, Delgado J A. 2002. Principles for managing nitrogen leaching [J]. Journal of Soil and Water Cosnervtaoin, 57: 485 -498.

Stites W, Kraft G J. 2001. Nitrate and chloride loading to groundwater from an irrigated northcentral U. S. sand plain vegetable fields [J]. Journal of Environmental Quality, 30: 1 176 -1 184.

Vos J, Vander Putten P E L, Hussein M H, et al. 1998. Field observations on nitrogen catch crops. Ⅱ. Root length and root length distribution in relation to species and nitrogen supply [J]. Plant and Soil, 201 (1): 149 - 155.

Zhang W L, Tian Z X, Li X Q. 1996. Nitrate pollution of groundwater in northern China [J]. Agriculture, Ecosystems & Environment, 59: 223 - 231.

第十二章　填闲甜玉米示范种植的经济产量及环境效益分析

硝酸根离子是一种可随水流动的负离子，极易随自由水通过土壤空隙淋失到地下水中，如果大量的硝酸盐进入地下水就会导致污染。在我国北方设施菜地氮肥施用过量非常严重，这势必会造成土壤硝态氮的累积，从而影响地下水水质。研究表明，北京市 0～400cm 土壤剖面硝态氮累积总量保护地菜田最高，平均达 1 230kg/hm^2（刘宏斌等，2004）。Tremblay 等人（2001）认为安全的根层无机氮存留值的上限为 90kg/hm^{2}时，尚不会引起环境污染风险。而我国设施菜地却远远超出了这个数值。我国北方设施菜田揭棚休闲的时期正是土壤硝态氮淋洗的高峰期。有研究表明，休闲季菜地硝酸盐淋洗量可达总淋洗量的 22%～44%（于红梅，2005）。填闲作物是一种生长周期短、管理简便，且用于阻控养分损失，提高经济产出的覆盖作物。Gustafson 等（2000）认为，主作物生长季之后种植一季填闲作物可有效吸收土壤剖面累积的硝态氮，使硝态氮淋溶损失降低 75%。在北方设施菜地种植填闲作物是有效减少硝态氮淋洗的有效途径（Thorup－kristensen et al，2003；任智慧等，2006；张丽娟等，2010）。

张继宗等（2009）在北京市房山区大田筛选试验结果显示，甜玉米生物量大、吸氮量大且速率快，阻控硝酸盐向深层土壤淋溶能力强，是北京郊区设施菜地夏季休闲期的优良填闲作物之一。虽然前人（任智慧等，2006；张丽娟等，2010；张继宗等，2009；陈建生等，2010；Hansen et al，2000）已经通过试验得出了上述结论，但尚无在较大区域多点位的验证，而且种植甜玉米的经济效益也尚无研究结果。因此，本研究在北京市的门头沟、房山、大兴和通州等 4 个区选择 15 个典型设施菜地，在习惯种植方式下，在夏季敞篷休闲期设置观察试验，研究甜玉米作为填闲作物的经济和环境综合效益，为北方设施菜地改良种植模式、推广甜玉米种植提供科学依据。

一、甜玉米经济产量

除种植主茬作物外，在北方设施菜地夏季休闲期种植甜玉米，可为农民增加经济效益。15 个试验点结果显示，在休闲期没有任何肥料投入情况下，甜玉米生长状况良好，经济产量达到较高水平，产量达 15 168.0 ~ 20 332.8kg/hm^2（表 12－1）。

表 12－1　甜玉米收获时产量

编号	试验地点	鲜重（t/hm^2）	干重（t/hm^2）	鲜穗产量（kg/hm^2）
1	门头沟 1	61.0	9.5	17 625.6
2	门头沟 2	53.7	8.9	18 048.0
3	大兴 3	51.5	10.1	18 440.0
4	大兴 4	45.5	10.8	18 988.8
5	大兴 5	56.7	11.3	19 200.0
6	大兴 6	43.0	9.3	17 579.2
7	大兴 7	49.2	9.5	17 595.2
8	大兴 8	49.5	9.2	18 174.4
9	大兴 9	45.3	9.6	20 332.8
10	房山 10	53.3	9.6	16 723.2
11	房山 11	48.4	8.0	17 516.8
12	房山 12	59.7	8.5	17 433.6
13	通州 13	53.1	11.2	15 552.0
14	通州 14	53.3	10.5	15 168.0
15	通州 15	51.5	10.4	17 472.0
平均值		51.6	9.7	17 723.3
变异系数		0.03	0.03	0.02

二、甜玉米吸氮量

甜玉米可高效吸收设施菜地土壤表层前期大量累积的氮素。15 个试验点甜玉米吸氮量为 140.2 ~ 209.0kg/hm^2，其中 9 个试验点达到 170kg/hm^2以上。同时，在甜玉米收获后，种植甜玉米小区 0 ~ 100cm 土层中的硝态氮含量较种植前平均减少了 506.1kg/hm^2，而甜玉米带走氮素量占种植前后 0 ~ 100cm 土层硝态氮减少量的 33.6%（表 12－2）。

表 12－2　甜玉米吸氮量在种植前后 0～100cm 土层硝态氮减少量中的比重

试验点 n＝15	吸氮量（kg/hm²）	种植前后 0～100cm 土层土壤硝态氮减少量（kg/hm²）	甜玉米吸氮量在种植前后 0～100cm 土层硝态氮减少量中的比重（%）
平均值	170.3	506.1	33.6
变异系数	0.1	1.0	—

三、种植处理与对照处理两种方式下的 0～100cm 土壤剖面硝态氮含量

与对照处理相比，种植处理有效地减少了设施菜地 0～100cm 土层硝态氮含量。收获后，15 个试验点的种植处理 0～100cm 土层剖面硝态氮含量比对照处理平均少 290.4kg/hm²（表 12－3）。

表 12－3　收获后对照与种植两个处理 0～100cm 土层硝态氮含量差值

试验点 n＝15	土壤剖面硝态氮含量与对照的差值（kg/hm²）				
	0～20cm	20～40cm	40～60cm	60～80cm	0～100cm
平均值	103.9	77.2	60.0	36.4	290.4
变异系数	1.1	1.5	1.8	2.9	1.4

四、种植甜玉米前后 0～400cm 土壤剖面硝态氮含量变化趋势

在休闲前后的 0～400cm 土层中，硝态氮含量减少最为明显的是 0～60cm 表层土壤。在本试验当年 6～9 月累计降水量 354mm（北京市水资源公报，2009）条件下，甜玉米收获后，15 个试验点对照与种植处理在 0～60cm 土层中土壤硝态氮渐少量均较明显，尤以 0～20cm 显著，对照和种植处理分别减少了 123.6mg/kg 和 86.5mg/kg，60～400cm 土层中硝态氮变化量随着深度增加而渐少。相对对照处理，种植甜玉米处理各层硝态氮减少量更为明显，其中 0～20cm 土层中硝态氮减少量平均比对照处理多 37.1mg/kg（标准差 SD＝41.3）。在 60～240cm 土层剖面，甜玉米种植后土壤硝态氮较

种植前有增加趋势，在15个试验点中有9个与种植前相比土壤剖面中硝态氮含量呈现增加现象。在240～400cm土层剖面，甜玉米种植处理与种植前的土壤硝态氮含量变化不大（图12－1）。

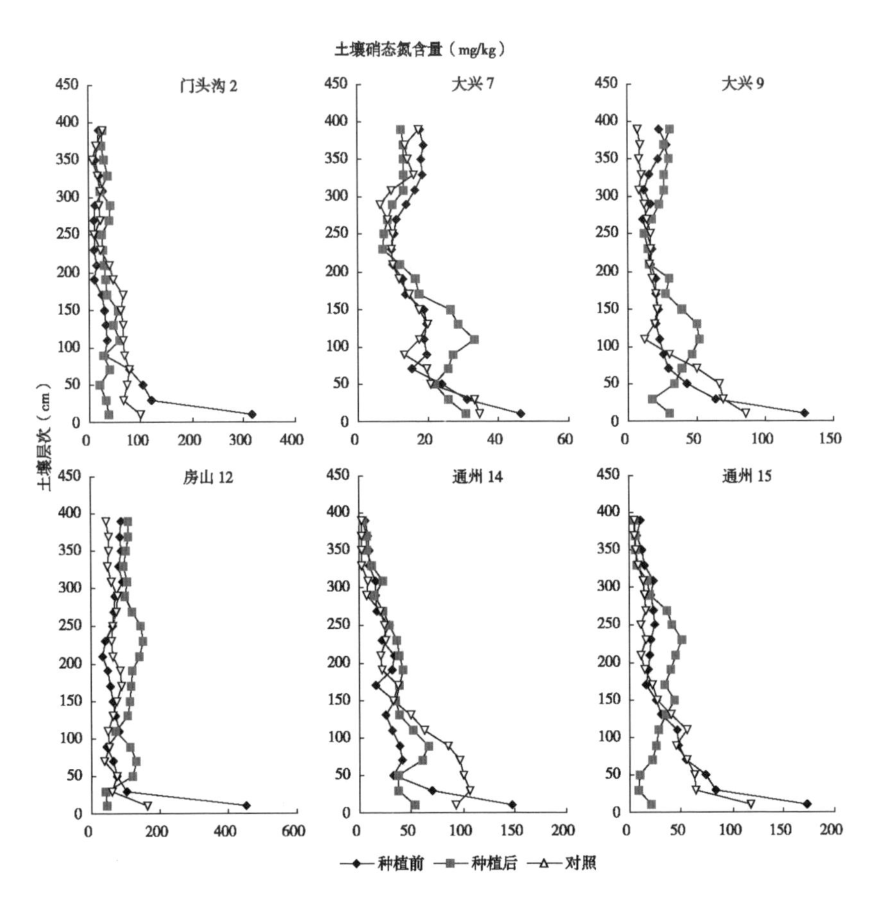

图12－1　房山及通州区试验点甜玉米种植前后0～400cm土壤剖面硝态氮含量分布

五、讨论

甜玉米对氮素营养非常敏感，无论是生物量还是经济产量都可以通过适当施氮而成倍甚至数倍提高，表明氮素是提高甜玉米物质生产、形成经济产量和商品品质的重要元素（陈建生等，2010）。本试验通过在15个北方设施菜地一年的田间试验，在没有任何肥料投入的情况下，利用残留在土壤中的氮素供应甜玉米生长，其经济产量和生物产量均都达到了较高水平，接近施肥后大田甜玉米的产量，平均达 51.6 t/hm^2，经济产量可达到 15 168.0 ~ 20 332.8kg/hm^2。说明在当前施肥状况下，设施菜地残留氮素可以满足夏季休闲期甜玉米的生长。其他研究也验证这个结果，赵小翠研究结果显示：在夏季期间没有任何肥料投入和灌溉条件下，甜玉米生长状况良好，其生物量鲜重达66.7 t/hm^2，干物质累积为5.9t/hm^2，玉米穗净鲜重达7.5t/hm^2，农民净收入达8 000元/hm^2（赵小翠等，2010）。王丽娜（2006）在 1 年 3 作的轮作体系中，也以春玉米作为填闲作物，研究其对氮素淋溶的阻控及对后茬作物生长的影响。结果表明，填闲作物春玉米的产量没有降低，反而较单作玉米增加了 381kg/hm^2。

本研究表明在北方设施菜地夏季休闲期种植甜玉米可有效减少土层剖面中的硝态氮含量，15 个试验点的对照与种植处理在 0 ~ 60cm 土层中土壤硝态氮渐少量明显，尤以 0 ~ 20cm 显著，对照和种植处理分别减少了 123.6mg/kg 和 86.5mg/kg。其他研究也有相近研究结果（赵秀芬等，2009；Van et al，1998；Hansen et al，2000）。这可能与甜玉米根系主要分布在 0 ~ 60cm 土层区域有关。而 0 ~ 60cm 无机氮素的拦截作用来自于甜玉米对根层氮的吸收利用以及由于植株蒸腾作用引起的水分上移（郭瑞英，2007）。张丽娟（2004）等研究表明，0 ~ 60cm 区域植物根长密度与相应层次土壤硝态氮消减量呈现显著正相关。可见甜玉米对吸收 0 ~ 60cm 土层土壤残余硝态氮来说是十分有效的。在本试验中，多数试验点 60 ~ 240cm 土壤剖面硝态氮含量在种植甜玉米后有增加趋势，这可能与当季 0 ~ 60cm 土层硝态氮下淋到该层有关。而种植处理与种植前在 240 ~ 400cm 土层中硝态氮含量变化不大，这可能是因为当季上层土壤硝态氮含量尚未影响到该层次。此外，本试验中 15 个试验点种植处理 0 ~ 100cm 土层剖面硝态氮含量比对照处理平均减少了 290.4kg/hm^2，进一步验证了甜玉米可有效减少浅层 0 ~ 60cm 土层土壤剖面硝态氮含量的试验结论。

六、结论

在北方设施菜地夏季休闲期，选择甜玉米作为填闲作物，是兼顾经济效益和环境效益的优良种植措施。夏季休闲期甜玉米经济产量可达到 15 168.0 ~ 20 332.8kg/hm^2。在增加了农民经济收入的同时，还可有效减少土层中硝态氮向下淋洗量，降低由于降雨或灌水而使硝态氮等盐分向深层土壤和地下水淋洗的风险。当年试验中，0~60cm 土层减少效果最为明显，甜玉米收获后，各试验点的种植处理在表层（0~20cm）土壤硝态氮含量下降最大，平均要比对照处理多下降 37.1mg/kg。

参考文献

陈建生，徐培智，唐拴虎，等.2010. 施肥对甜玉米物质形成累积特征影响研究 [J]. 植物营养与肥料学报，16（1）：58-64.

郭瑞英.2007. 设施黄瓜根层氮素调控及夏季种植填闲作物阻控氮素损失研究 [D]. 北京：中国农业大学.

刘宏斌，李志宏，张云贵，等.2004. 北京市农田土壤硝态氮的分布与累积特征 [J]. 中国农业科学，37（5）：692-698.

任智慧，李花粉，陈清，等.2006. 甜玉米填闲减缓菜田土壤硝酸盐淋溶的研究 [J]. 农业工程学报，22（9）：245-249.

王丽娜.2006. 春玉米—蔬菜轮作与春玉米单作农学、环境和经济效益评价 [D]. 北京：中国农业大学.

于红梅.2005. 不同水氮管理下蔬菜地水分渗漏和硝态氮淋洗特征的研究 [D]. 北京：中国农业大学.

张继宗，刘培财，左强，等.2009. 北方设施菜地夏季不同填闲作物的吸氮效果比较研究 [J]. 农业环境科学学报，28（12）：2 663-2 667.

张继宗，张亦涛，刘宏斌，等.2010. 北方设施菜地夏季休闲期甜玉米最佳行株距和播期研究 [J]. 玉米科学，18（6）：98-101.

张丽娟，巨晓棠，高强，等.2004. 玉米对土壤深层标记硝态氮的利用 [J]. 植物营养与肥料学报，10（5）：455-461.

张丽娟，巨晓棠，吉艳芝，等.2010. 夏季休闲与种植对华北潮土剖面残留硝态氮分布的影响 [J]. 植物营养与肥料学报，16（2）：312-320.

赵小翠，姜春光，袁会敏，等.2010. 夏季种植甜玉米减少果类菜田土壤氮素损失的效果 [J]. 北方园艺（15）：194-196.

赵秀芬，赵扩元，李俊良.2009. 填闲作物在日光温室黄瓜生产中的应用效果 [J]. 安徽农业科学，37（12）：5 446-5 447，5 478.

Gustafson A，Fleischer S，Joelsson A. 2000. A catchment-oriented and cost effective policy for water protection [J]. Ecological Engineering，14

(4): 419 -427.

Hansen E M, Kristensen K, Djurhuus J. 2000. Yield parameters as affected by introduction or discontinuation of catch crop use [J] . Agronomy Journal, 92 (5): 909 -914.

Thorup - kristensen K, Magid J, Jensen L S. 2003. Catch crops and green manures as biological toolsin nit rogen management in temperate zones [J]. Advances in Agronomy, 79: 227 -302.

Tremblay N, Scharpf H C, Weier U, et al. 2001. Nitrogen management in field vegetables - A guide to efficient fertilization [J]. Agriculture and Agri - Food Canada: 44 -45.

Van Dam A M, Leffelaar P A. 1998. Root, Soil water and Nitrogen dynamics in a catch crop soil system in the Wageningen Rhizolab [J] . Netherlands Journal of Agricultural Science, 46: 267 -284.

第十三章　填闲甜玉米对设施菜地周年种植作物产量和环境的影响

设施蔬菜是一种集约化的生产模式，蔬菜作物一般生长快，生育期短，可复播多茬。因此，需要施用大量的肥料。尤其生长期短的蔬菜，栽培时更应多施速效肥料。为了追求高产量，肥料的投入量往往是蔬菜需肥量的数倍，尤其是化肥在农产品的诸多增产因素中贡献率高达50%左右（曹志宏，1998），因此菜农在土壤养分含量已经很高的情况下仍大量增施氮肥，导致大量氮素不能被作物吸收利用在较长时间内以不同的形态残留在土壤当中，成为威胁生态环境的化学定时炸弹（陈秀荣等，2005；Sakadevan K et al，1998；龚子同等，1998）。加之氮素在旱作条件下土壤容易发生硝化作用，所以设施菜田残留氮素以硝态氮为主。因此，采取各种有效措施降低设施蔬菜地硝态氮的残留，发展作物高产优质是建立资源节约型环境友好型农业生产体系、实现我国农业可持续发展的重要措施。

赵新峰对东北海伦地区的调查结果显示（赵新峰等，2008），硝态氮严重超标的污染区均分布在氮肥施入量和牲畜粪便量较高的地区。据调查，地下水中硝酸盐含量超标与过量使用氮肥有关，每年约有 15% 当季氮肥、20% 根层残留硝态氮、68% 非根层残留硝态氮进入地下水（Yadav SN，1997）。关于地下水超标的报道已有很多，杭州市城区 45% 井水硝态氮含量超过了世界卫生组织所规定的饮用水含量标准（10mg/L），合肥、滇池、成都等地的地下水都受到不同程度的污染（金赞芳等，2004）。因此，应采取适宜有效措施，在提高或不影响菜农经济效益前提下，有效降低菜地硝态氮淋失风险。本研究在区域调查的基础上布置了田间试验，研究设施菜地夏季休闲敞棚期种植填闲甜玉米、主栽作物优化施肥等不同措施对农田硝态氮淋溶的阻控作用，这对改良华北平原设施蔬菜种植模式，保证设施蔬菜的可持续发展具有重要的意义。

一、不同措施对番茄产量和经济效益的影响

与对照相比，休闲期种植甜玉米和番茄季施氮处理的番茄产量和经济效益均有显著提高（$P<0.05$）（表 13－1）。2011 年，单施有机肥（OM）的

番茄产量（115.37 t/hm²）比不施肥（CK）提高了8.09%，但相对常规施肥（MC）、优化施肥60%（MO1）和优化施肥45%（MO2）分别降低了3.99%、7.77%和3.87%，与其对应经济效益也随之下降了3.15%、7.61%和3.39%，这说明单施有机肥还不能完全满足番茄生长所需要的氮素。MC相对MO1、MO2番茄产量都有所降低，分别降低了4.09%、0.13%，但差异并不显著；MO1相对MO2提高了4.23%，这也表明在一定范围内增施氮素可以提高番茄产量，但并非氮素越多产量越高，氮素达到一定量后还会抑制番茄生长从而降低产量。所有处理的番茄产量以常规+填闲（MCC）处理最高，且与OM产量差异达到显著水平，这说明在主茬番茄种植前敞棚期种植填闲作物甜玉米有助于番茄产量和菜农经济效益的提高。2012年，各处理的番茄产量和经济效益变化趋势与2011年基本一致；在常规施肥的基础上，优化施肥至60%的氮肥施用并不降低番茄产量和菜农经济效益；各处理以MCC处理的番茄产量和经济效益最高，但与除MO2以外的各处理差异不显著，这说明种植填闲甜玉米和番茄季优化施肥都可以有效增加番茄产量。此外，随着种植年限的增加，各个处理的番茄产量均有一定程度的提高，但提高幅度不大，而CK处理由于连续两年不施氮肥，土壤自身氮素不能完全满足番茄生长期的氮素需求，故导致产量有所下降。

表13－1　设施菜地试验周期内不同措施的番茄产量和经济效益

处理	成本（元/hm²）	2011年产量（t/hm²）	2011年经济效益（万元/hm²）	2012年产量（t/hm²）	2012经济效益（万元/hm²）
CK	11 895	106.74±2.71c	41.51±0.69c	102.36±1.06c	39.75±1.21c
MC	18 300	120.17±7.11a	46.24±2.84a	128.79±4.59ab	49.69±1.79ab
OM	13 620	115.37±3.93b	44.78±1.57bc	122.58±3.46b	47.67±1.38b
MO1	17 265	125.09±3.17ab	48.30±1.27ab	132.09±3.87ab	51.11±2.04ab
MO2	16 747	120.01±3.06ab	46.35±1.19ab	126.27±2.87b	48.94±1.15b
MCC	23 145	134.92±7.8a	52.14±2.92a	138.49±9.54a	53.07±3.17a

注：CK氮素空白+休闲；OM单施有机肥+休闲；MC常规施肥+休闲；MO1优化施肥60%+休闲；MO2优化施肥45%+休闲；MCC常规+填闲。字母代表各处理差异达5%显著水平。经济效益（元/hm²）=作物产量（kg/hm²）×单价（元）－灌溉费用（元/hm²）－化肥费用（元/hm²）－种子费用（元/hm²）－机械费用（元/hm²）。机械费用5 760元/hm²；灌溉费用192元/hm²；番茄种价格384元/hm²；2011年番茄平均收购价格4.00元/kg；尿素2 100元/t，过磷酸钙800元/t，进口硫酸钾3 500元/t

二、不同措施对番茄氮素利用率的影响

相对 CK，不同管理措施的番茄季作物吸氮量均显著提高，MO1 处理的氮素利用率最高（表 13 - 2、表 13 - 3）。2011 年，MO1 的氮素吸收量（153.42kg/hm^2）和氮素利用率（6.46%）要优于其他处理，而 MC 番茄吸氮总量达到 151.27kg/hm^2，相对 CK、OM 和 MO2 分别增加了 37.13%、21.35%、14.2%，但并非施氮量越大番茄果实吸收量越大。MO1 处理可显著增加番茄果实部位的氮素吸收，而降低植株部位的氮素吸收，这说明优化施肥可能具有更佳的养分配比，使得设施番茄的养分吸收转化效果提高，产量和效益增加显著。在主茬季种植前敞棚期种植填闲甜玉米相对 CK、OM 均可提高番茄氮素吸收和氮素利用，但相对 MC、MO2 的差异均并不显著；MCC 与 MO1 的氮素吸收量无显著差异，但其氮素利用率差异显著。因此，为增加番茄氮素吸收量并提高氮素利用率，可以考虑在番茄季优化施肥的基础上夏季敞棚期种植填闲作物。

表 13 - 2　2011 年不同措施的氮素利用率

处理	氮素吸收量（kg/hm^2）			氮素利用率（%）
	植株	果实	总量	
CK	46.31	47.79	94.1 c	
MC	73.73	78.04	151.77 a	4.98 bc
OM	56.36	61.62	117.98 c	4.28 c
MO1	73.58	79.84	153.42 a	6.46 a
MO2	64.79	68.11	132.90 b	4.68 bc
MCC	74.64	78.29	152.93 a	5.08 b

注：CK 氮素空白 + 休闲；OM 单施有机肥 + 休闲；MC 常规施肥 + 休闲；MO1 优化施肥 60% + 休闲；MO2 优化施肥 45% + 休闲；MCC 常规 + 填闲。字母代表各处理差异达 5% 显著水平

各处理 2012 年的氮素吸收和氮素利用率的变化趋势与 2011 年基本一致（表 13 - 3）。氮素利用率以 MO1 为最佳，显著高于其他处理，比 MC、OM、MO2 处理分别提高了 34.14%、73.25%、31.44%。MCC 的氮素吸收量虽达到 154.15kg/hm^2，但氮素利用率却相对 MO1 降低了 30.97%。CK 和 OM 处理的氮素吸收量相对 2011 年有一定程度的降低，但降低幅度不大，这也说明连续种植番茄且不施或少施氮肥使得土壤中的氮素不能满足番茄生长过

程对氮素的需求。而 MCC、MO1、MO2、MC 四个处理中的番茄氮素吸收量较 2011 年均呈上涨趋势，这说明夏季休闲敞棚期种植填闲甜玉米和番茄季优化施肥均可以提高氮素利用率，并且可能随着种植年限的增加，提高幅度越大。

表 13－3　2012 年不同措施的氮素利用率

处理	氮素吸收量（kg/hm²）			氮素利用率（%）
	植株	果实	总量	
CK	43.85	47.24	91.09 c	
MC	73.53	79.67	153.2 a	5.36 b
OM	54.36	59.87	114.23 c	4.15 c
MO1	75.02	82.13	157.15 a	7.19 a
MO2	66.19	70.23	136.42 b	5.47 b
MCC	76.14	78.01	154.15 a	5.49 b

注：CK 氮素空白＋休闲；OM 单施有机肥＋休闲；MC 常规施肥＋休闲；MO1 优化施肥 60%＋休闲；MO2 优化施肥 45%＋休闲；MCC 常规＋填闲。字母代表各处理差异达 5% 显著水平

三、不同措施对菜田土壤硝态氮残留的影响

番茄季施入土壤中的氮肥没有被番茄完全吸收而存在不同程度上的残留，相对作物种植前，番茄收获后的各个施肥处理 0～200cm 各土层土壤硝态氮含量均有不同程度的提高，并且种植填闲甜玉米相对夏季休闲有助于降低各层土壤硝态氮含量（图 13－1 和图 13－2）。2011 年的各处理中，表层土壤硝态氮含量均高于土壤剖面其他各层，这就造成土壤硝态氮的残留主要集中在表层，而在降雨或灌溉条件下再向下淋洗。相对其他处理，MC 大大增加了土壤中硝态氮残留量，从而加大了对地下水的潜在危害（图 13－1）。MC 处理的 0～20cm 土壤硝态氮含量最大可达 111.40mg/kg，分别是 MO1、MO2、OM 三个处理的 1.24 倍、1.37 倍、2.31 倍，其土壤硝态向下淋洗的风险最大；MC 硝态氮含量在 100～120cm 出现另一个峰值，是番茄种植前的 2.53 倍。MC 的 0～200cm 各层土壤硝态氮含量明显高于 MO1、MO2（图 13－1），而两个优化施肥处理（MO1、MO2）略高于 OM，这可能是由于 OM 中有机氮素可以较好的被番茄吸收利用，因为有机肥矿化速度慢，养分释放缓慢，蔬菜充分吸收了养分。相对 MC 处理，夏季休闲期种植填闲甜

玉米（MCC）可以降低土层中硝态氮的含量，但相对番茄季优化施肥及施用有机肥，由于常规处理施肥量大，大量氮素仍然不能被作物吸收利用，残留在土体当中，增加向下淋溶的危险。MCC 处理的 0～200cm 各层土壤硝态氮含量明显低于所对应的 MC 处理各土层，MCC 的土壤硝态氮含量在表层达到最大 97.7mg/kg，比 MC 同一土层降低了 15.2%。MCC 整个土壤剖面硝态氮含量与 MO1 总体相当，但在 60～100cm 有一次较明显的累积高峰，而 MO2 在 0～200cm 土体中硝态氮的累积量低于 MO1 与 MCC，其表层土壤硝态氮分别降低了 10.56%、20.15%。

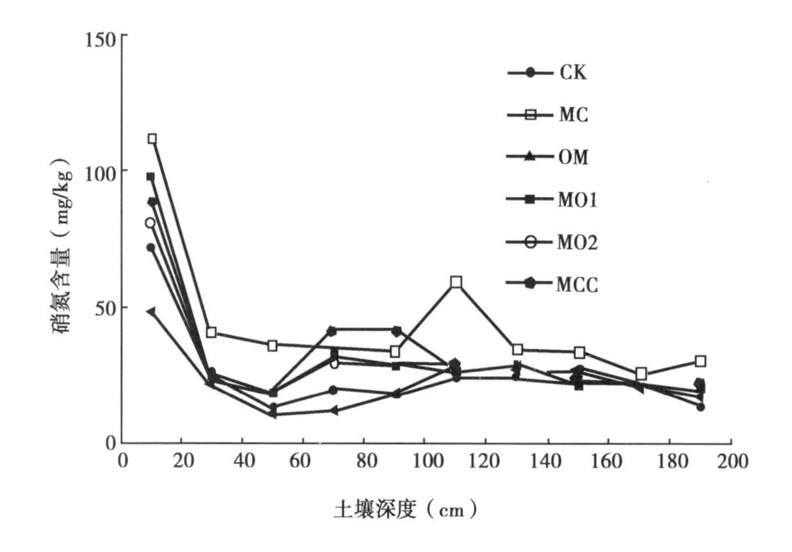

图 13－1　2011 年种植番茄后各处理 0～200cm NO_3^-－N 含量

注：CK 氮素空白＋休闲；OM 单施有机肥＋休闲；MC 常规施肥＋休闲；MO1 优化施肥 60%＋休闲；MO2 优化施肥 45%＋休闲；MCC 常规＋填闲

各处理 2012 年的各土层硝态氮含量变化趋势与 2011 年大致相同（图 13－2）。番茄季施肥的各处理中，土壤硝态氮累积总量从高到低的顺序是 MC、MO1、MO2、MCC、OM，而 CK 由于没有氮素的投入，加之番茄的吸收利用，土壤剖面硝态氮含量呈大幅度下降趋势。MC 处理的表层 0～20cm 土壤硝态氮含量最大（87.36mg/kg），分别是 MO1、MCC 的 1.15 倍和 1.22 倍，这也增加了 NO_3^-－N 向下淋洗的风险。与 MO2 相比，MC 在 20～40cm 土层处的硝态氮含量反而呈下降趋势，这可能是因为 MC 的高氮投入已经产生了淋溶至土壤深层。同 2011 年结果相同，有机肥的供肥特点更加适合蔬菜的需肥特性，OM 中的有机氮素可以较好的被番茄吸收利用，因此其土壤硝态氮含量略低于两个优化施肥处理（MO1、MO2）。除 20～40cm 土层外，MCC 处理的 0～200cm 各个土层中硝态氮含量均低于 MC，MCC 表层土壤硝态氮含量为 71.65mg/kg，比 MC 同一土层降低了 15.71mg/kg。MCC 的各层土壤硝态氮含量与 MO1 总体相当，无显著差异，MO2 在 120～200cm 的土壤硝态氮含量高于 MO1 与 MCC。

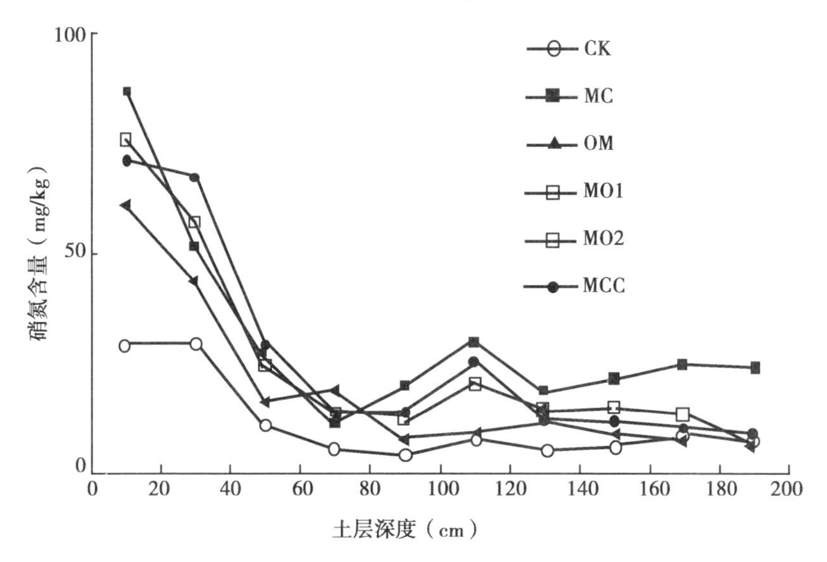

图 13－2 2012 年种植番茄后各处理 0～200cm NO_3^-－N 含量

注：CK 氮素空白＋休闲；OM 单施有机肥＋休闲；MC 常规施肥＋休闲；MO1 优化施肥 60%＋休闲；MO2 优化施肥 45%＋休闲；MCC 常规＋填闲

四、不同措施对设施菜地硝态氮淋溶的影响

强降水可以导致土壤表层硝态氮淋溶到一定深度（Stites W et al，2001），而强降水形成的下渗水流为硝态氮的迁移提供载体，可能是影响硝态氮淋失的主要原因（赵扩元，2007）。2011 年菜地敞棚期（5 月 8 日至9 月 30 日）降水总量达到 465.3 mm（图 13－3），其中 7 月 18 日、8 月 9 日和 8 月 17 日的 3 次较大降水量分别达到 96mm、78mm 和 66mm，均观测到淋溶液。

2012 年整个休闲敞棚期间，降雨比较频繁，与往年相比为多雨季节（图 13－4），主要集中在 7 月，共降雨 7 次，平均降水量为 145.3mm，其中单次最大降水量为 163.8mm。在整个休闲期间单次降水量大于 20mm 的共有 11 次。单次降水量过大，极易产生氮素淋失。

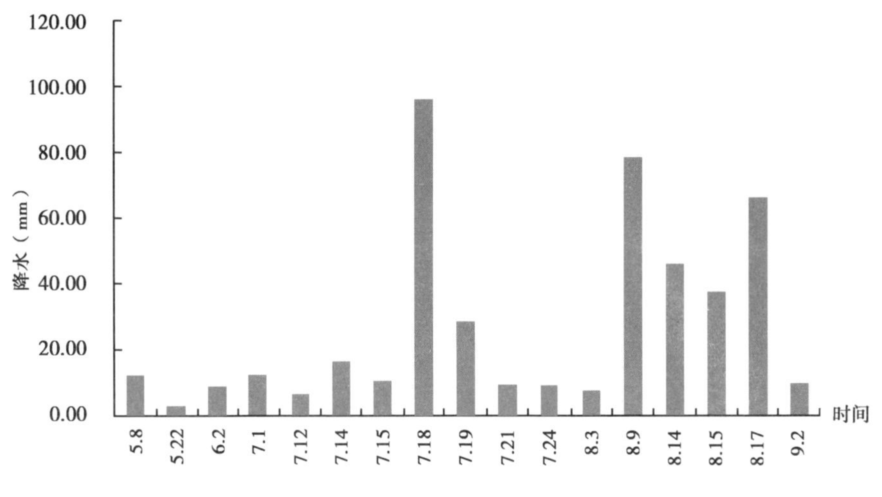

图 13－3　2011 年菜田敞棚期降水量

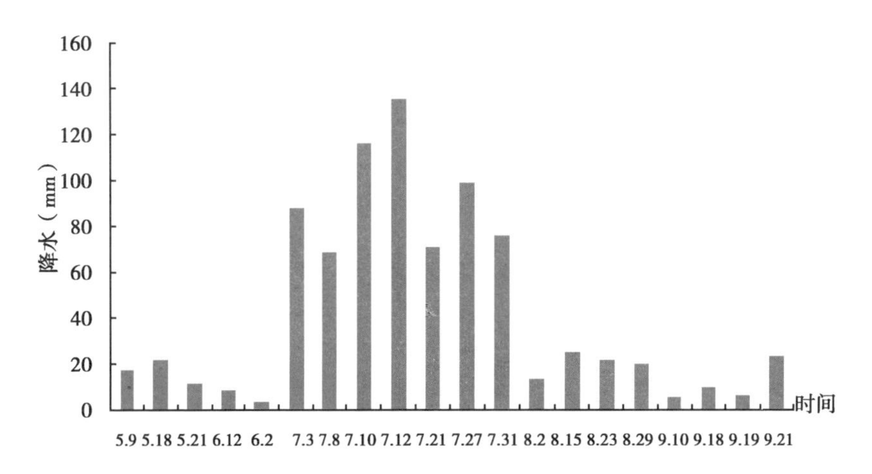

图 13－4　2012 年菜田敞棚期降水量

与番茄季不施肥相比，番茄季优化施肥、施用有机肥的硝态氮淋失量均明显提高，与常规休闲相比，夏季休闲期种植填闲甜玉米的硝态氮淋失量也有显著降低（图 13－5、图 13－6）。2011 年，MC 处理硝态氮淋溶量最多，达 92.34kg/hm^2，占全年施氮总量的 7.97%，显著高于其他各处理。MO1 处理硝态氮淋溶总量为 42.28kg/hm^2，比 MC 处理降低了 50.06kg/hm^2。而 MO2 比 MO1 硝态氮淋溶总量降低了 7.40kg/hm^2，但差异并不显著，优化施肥处理无机氮降低量越大，敞棚期硝态氮淋溶量越少。由于休闲期种植的甜玉米吸收了一部分土壤氮素，MCC 处理硝态氮淋溶量比 MC 降低了 36.03kg/hm^2，但是由于番茄季施氮量过大，敞棚期氮素的淋溶量比 MO1 增加了 14.02kg/hm^2。

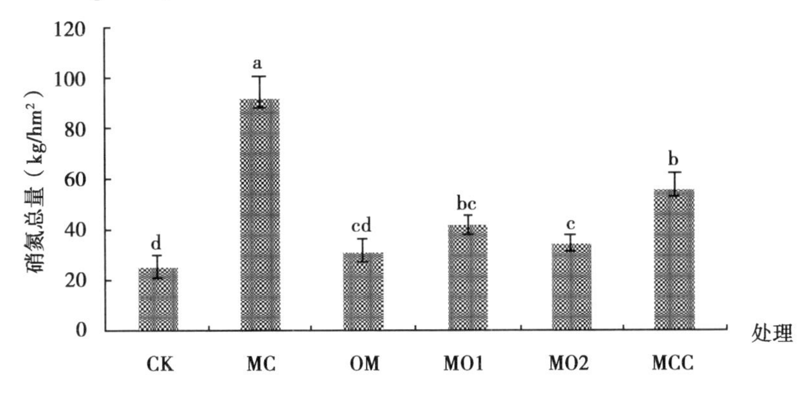

图 13－5　2011 年菜田敞棚期硝态氮淋溶总量

注：CK 氮素空白＋休闲；OM 单施有机肥＋休闲；MC 常规施肥＋休闲；MO1 优化施肥 60%＋休闲；MO2 优化施肥 45%＋休闲；MCC 常规＋填闲。字母代表各处理差异达 5% 显著水平

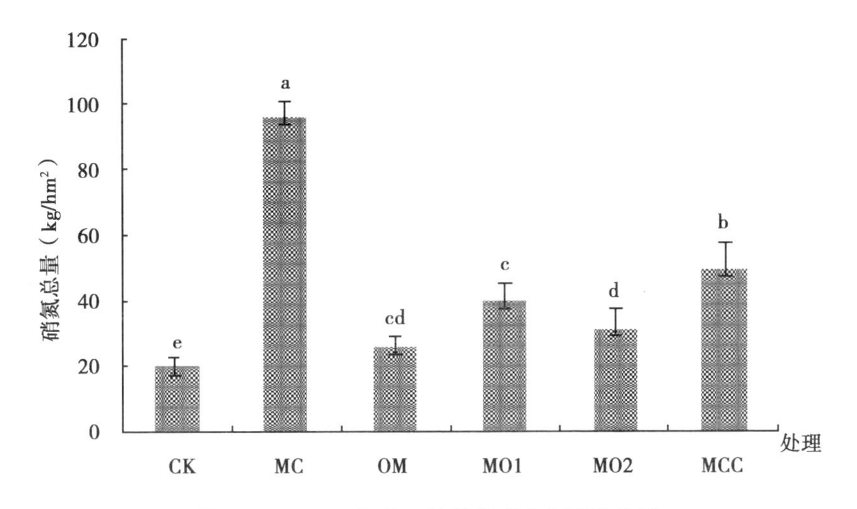

图 13－6　2012 年菜田敞棚期硝态氮淋溶总量

注：CK 氮素空白＋休闲；OM 单施有机肥＋休闲；MC 常规施肥＋休闲；MO1 优化施肥 60%＋休闲；MO2 优化施肥 45%＋休闲；MCC 常规＋填闲。字母代表各处理差异达 5% 显著水平

2012 年，MC 处理硝态氮淋溶量达 96.27kg/hm^2，占全年施氮量的 8.31%，显著高于其他处理，分别是 MO1、MO2、MCC 三个处理的 2.43、3.07、1.96 倍。此外，MO1 的淋溶总量为 39.65kg/hm^2，显著低于 MCC，这也表明优化施肥处理可显著降低设施菜地敞棚期硝态氮的淋溶量。经过连续两年填闲甜玉米的种植，MCC 可有效降低硝态氮的淋溶，但其在效果上要次于优化施

肥，敞棚期 MCC 的硝态氮淋溶量仍然高于 MO1。总之，优化施肥和种植填闲作物均能降低设施菜地敞棚期硝态氮淋溶，也可以考虑在番茄季优化施氮的基础上，夏季休闲期种植甜玉米，充分发挥两种措施降低硝态氮淋溶的潜力。

五、不同措施对土壤—作物系统氮素平衡的影响

氮素表观平衡是一个简便的分析土壤—蔬菜体系氮素投入产出的指标，通过氮素表观平衡可以对蔬菜生长过程中氮素损失、固定以及矿化等过程进行推测。2011 年，由于各处理施肥量不同，有机肥、化肥所占氮素总投入量的比例有所不同（表 13－4）。其中化肥投入量占系统氮素总施入量的 15.0%～32.43%，其比例随化肥投入量的增加而增加；有机肥的施入量占系统氮素总施入量的 26.31%～36.48%。在番茄整个生育期封闭式管理，氮肥的投入项中无降水投入，灌溉水带入氮较少，仅占系统氮素总投入量的 2.98%～6.53%。土壤矿化氮 160.35kg/hm^2，加上土壤起始无机氮，土壤自身供氮能力达 907.83kg/hm^2，已经远远超过了作物氮素吸收量。在系统输出项中，番茄吸收氮素远远小于土壤中残留氮素，仅占系统氮素总量的 7.13%～9.69%。番茄吸氮量以 MCC 最大，达到 152.93kg/hm^2。2011 年，番茄收获后各处理都有大量氮素盈余，并表现为随施氮量的增加而增加；其中施肥处理氮素盈余在 1 400kg/hm^{2}以上，而 CK 由于基础肥力过高，虽在番茄季不施氮肥，但番茄收获后氮素盈余仍可达 877.25kg/hm^2；与常规施肥休闲相比，夏季休闲敞棚期种植甜玉米的氮素盈余显著下降。

表 13－4　2011 土壤—作物系统氮素表观平衡　（kg/hm^2）

项目		处理					
		CK	MC	OM	MO1	MO2	MCC
表观输入	起始无机氮	747.48	747.48	747.48	747.48	747.48	468.08
	有机施氮量	0	558	558	558	558	558
	化肥施氮量	0	600	0	360	270	600
	土壤矿化氮	160.35	160.35	160.35	160.35	160.35	160.35
	灌溉水带入氮	63.52	63.52	63.52	63.52	63.52	63.52

（续表）

项目		处理					
		CK	MC	OM	MO1	MO2	MCC
小计	—	971.35	2 129.35	1 529.35	1 889.35	1 799.35	1 849.95
表观输出	作物吸收	94.1	151.77	117.98	153.42	132.9	152.93
	残留无机氮	813.72	1 526.72	740.88	1 079.19	1 016.39	931.61
小计	—	906.82	1 678.49	858.86	1 232.61	1 149.29	1 084.54
表观损失	—	64.53	449.86	670.49	657.74	650.06	765.41
氮素盈余	—	877.25	1 977.58	1 411.37	1 735.93	1 666.45	1 697.02

注：CK 氮素空白 + 休闲；OM 单施有机肥 + 休闲；MC 常规施肥 + 休闲；MO1 优化施肥 60% + 休闲；MO2 优化施肥 45% + 休闲；MCC 常规 + 填闲

2012 年，番茄种植期间化肥投入量占系统氮素总施入量的 14.41% ~ 30.56%，所占比例随化肥投入量的增加而增加，而 MCC 由于填闲甜玉米的吸氮作用，其起始土壤无机氮量相对较少，因此氮肥所占氮素总量的比例较高（表 13 –5）。番茄生育期内管理方式与 2011 年相同，灌溉水带入氮较少，仅占系统氮素总施入量的 2.27% ~6.71%，土壤矿化氮为 123.46kg/hm^2，加上土壤起始无机氮，土壤自身供氮能力可达 831.77kg/hm^2，已经远远超过了作物本身吸氮量。在系统输出项中，番茄吸收氮素远远小于土壤中残留氮素，仅占系统氮素总量的 7.15% ~ 16.90%，远远小于土壤残留无机氮量，MO1 的吸氮量最高达 157.15kg/hm^2，但氮素利用率只有 16.90%，说明输入的大量氮素仍不能被作物吸收利用。2012 年，各处理在番茄收获后的氮素盈余仍然表现为随氮素施入量的增加而增加；其中施肥处理氮素盈余均在 1 500kg/hm^{2}以上，MC 处理氮素盈余量高达 2 474.13kg/hm^2。与常规施肥休闲相比，夏季休闲敞棚期种植甜玉米的氮素盈余显著下降。总之，土壤自身供氮量是不容忽视的重要部分，但实际农业生产中往往没有考虑到土壤自身的供氮能力而盲目施肥，这就大大降低了氮素利用率，然而不能被作物有效吸收利用的氮素会以不同的形态存储在土壤当中，并对环境造成潜在危害。因此，在进行氮素投入时应充分考虑土壤自身供氮能力，在满足作物对氮素需求的前提下适量减少氮肥施用量，或者在夏季休闲期种植填闲甜玉米，降低氮素的盈余，从而保护环境。

表 13-5　2012 土壤—作物系统氮素表观平衡　　(kg/hm²)

项目		处理					
		CK	MC	OM	MO1	MO2	MCC
表观输入	起始无机氮	708.31	1 286.0	853.91	893.08	862.09	621.80
	有机施氮量	0	558	558	558	558	558
	化肥施氮量	0	600	0	360	270	600
	土壤矿化氮	123.46	123.46	123.46	123.46	123.46	123.46
	灌溉水带入氮	59.87	59.87	59.87	59.87	59.87	59.87
小计	—	891.64	2 627.33	1 595.24	1 994.41	1 873.42	1 963.13
表观输出	—						
	作物吸收	91.09	153.2	114.23	157.15	136.42	152.15
	残留无机氮	447.61	1 988.69	979.72	1 323.92	1 293.27	971.57
小计	—	538.7	2 141.89	1 093.95	1 481.07	1 429.69	1 123.72
表观损失	—	352.94	1 426.07	485.44	513.34	443.73	839.41
氮素盈余	—	800.55	2 474.13	1 521.55	1 837.26	1 737.00	1 810.98

注：CK 氮素空白+休闲；OM 单施有机肥+休闲；MC 常规施肥+休闲；MO1 优化施肥 60%+休闲；MO2 优化施肥 45%+休闲；MCC 常规+填闲

六、填闲甜玉米收获前后的土层硝态氮含量变化趋势

雨季敞棚休闲期，各处理均产生了较严重的氮素淋失，而填闲作物的种植可以显著降低土壤硝态氮含量。与 CK 相比，番茄季常规施肥条件下夏季敞棚休闲期填闲甜玉米的种植使 0～200cm 土壤剖面中各土层的硝态氮浓度均有大幅度下降（图 13-7 和图 13-8）。2011 年，番茄收获后表层土壤硝态氮含量最高达 97.7mg/kg，随着土层深度的增加呈下降趋势，但在土壤深层次剖面硝态氮含量仍比较高，而填闲甜玉米的种植显著降低了土壤剖面硝态氮含量的残留，使得表层土壤硝态氮含量仅为 20.75mg/kg，并且随土层深度的增加硝态氮含量仍逐渐降低。然而，在 80cm 处有一峰值（41.63mg/kg），在 200cm 处的含量也达到 20.56mg/kg，比填闲前略有提高，这可能是由于

夏季强降水将硝态氮淋溶到了这一土层。敞棚休闲期，填闲处理在0～200cm各层硝态氮含量相对CK休闲处理同土层均有不同程度的降低，尤其表层土壤（0～20cm）降低约80mg/kg。

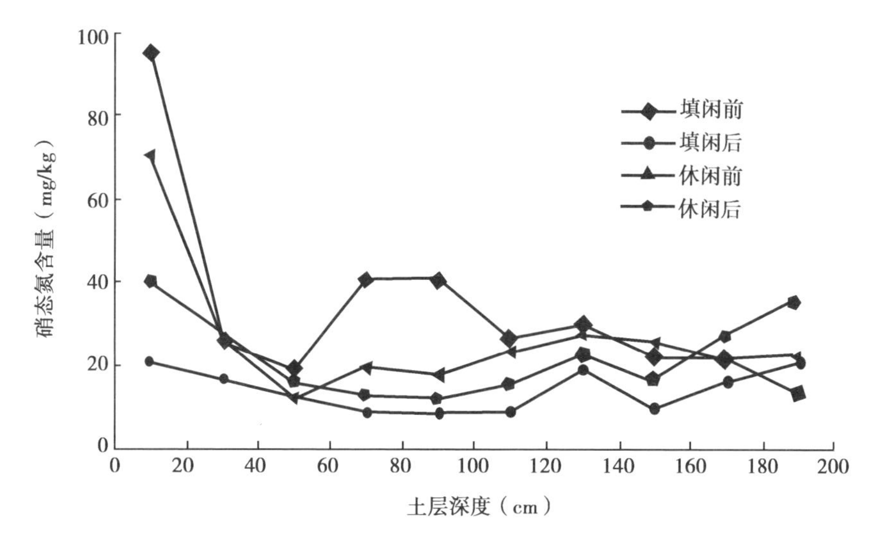

图13－7　2011年填闲种植前后0～200cm各土层土壤硝态氮含量

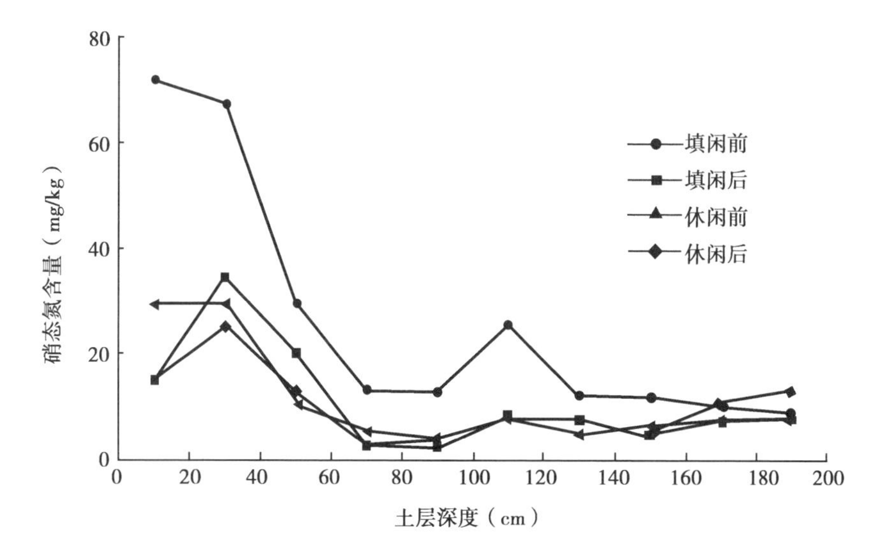

图13－8　2012填闲种植前后0～200cm各土层土壤硝态氮含量

2012年，夏季敞棚休闲期填闲作物种植的土壤剖面中硝态氮含量变化趋势与2011年相似，填闲甜玉米种植后，各土层硝态氮含量比填闲前均有所降低。CK 休闲处理和常规 + 填闲处理在敞棚期结束后 0 ~ 40cm 土层硝态氮含量都有一定程度的降低，但引起降低的原因可能有所不同，填闲甜玉米地上部对土壤氮素的吸收是使得土壤硝态氮含量降到 15.22mg/kg，而休闲处理的土壤硝态氮降低主要是由于夏季强降雨导致的硝态氮向下淋溶。

七、讨论

设施菜地属于高投入高产出，资金、技术、劳动力密集型的产业。它是利用人工建造的设施，使传统菜地逐步摆脱自然的束缚，走向现代工厂化、环境安全型生产的必由之路，同时也是蔬菜打破传统菜地种植的季节性，实现蔬菜的反季节上市，进一步满足多元化、多层次消费需求的有效方法，这就促使设施菜地快速发展。由于其集约化生产、高复种指数、高温高湿、肥料施用量大、氮素利用率不高等特点，设施菜地土壤化学性状、蔬菜对肥料吸收利用均发生了很大变化。针对这些问题，许多学者做了大量的研究工作（钱海燕等，2008；于红梅等，2007；郭瑞英等，2006），并取得了一些具有实用价值的成果。本研究通过设施菜地定位试验，研究了在设施菜地常规施肥的基础上进行优化施肥和敞棚期种植填闲甜玉米等措施对蔬菜产量、氮素利用率、试验期内土壤剖面硝态氮分布特征以及土壤 - 作物系统氮素平衡的影响，丰富了集约化蔬菜种植氮素合理施用的有效经验，使营养元素发挥最大的肥效，同时进一步完善设施菜地污染防控理论体系。

在设施菜地的生产中，传统养分管理的主要特点就是氮肥在整个作物生长过程均处于高量供应状态，氮素养分资源利用率低。优化施肥的主要目的是保证高产条件下，降低投入成本减少氮素流失，提高氮肥利用率。何传龙等的研究，发现采用减量施肥技术可使番茄增产 20.0%（何传龙等，2010）。韩瑛祚等的研究显示设施辣椒的化肥减量应控制在常规施氮处理的 70%（157.50kg/hm^2）为最佳（韩瑛祚等，2011）。乔红霞等在研究中明确指出在养分含量极高的设施菜地大葱栽培实施化学肥料减量 50% 是完全可行的（乔红霞等，2005）。本研究连续两年种植番茄在提高产量方面得到相似的结论，氮肥的过量施入不仅没有提高，反而在一定程度上降低了春番茄产量和经济效益。优化施肥（与常规施氮相比）春番茄产量提高了 2.56% ~ 4.1%，经济效益提高了 3% ~4.5%，这也表明在氮肥长期不合理投入的设施菜地上，氮肥过量施用是成为限制番茄产量的重要因子之一。因为过多的氮肥促进叶片生长，叶片多而大，株形相对增高，造成早期下部荫蔽，于是带来两大危害：一是由于叶片增多，下部湿度和温度相对提高，通风不好，给病害提供条件；二是群体增加，番茄无效分枝增多，茎叶出现徒长，带来严重减产。而优化施氮则规避了上述危害，不仅降低投入成本，减少氮素流失，提高氮肥利用率而且提高番茄产量增加农民经济效益。在兼顾经济效益的同时降低硝态氮对环境的潜在危害是本研究的主要目的。周丹等指出氮肥减量处理可显著降低土壤表层和整个土体的硝态氮含量，常规施氮处理下0～40cm土层的硝态氮含量均高于其他处理，减氮30%后0～40cm土层未出现硝态氮显著积累现象（周丹等，2011）。何传龙等的研究发现，设施菜地采用减氮施肥技术后，当季土壤硝态氮淋失量减少65.7%（何传龙等，2010）。

北方设施菜田夏季敞棚休闲处于雨热同期，此时期极易造成硝态氮淋失，种植填闲作物不仅有较好的环境效益，同时也有显著的经济效益。填闲作物的种植是在传统种植方式的基础上进行的，目的是在不影响下茬作物的经济产量的情况下，直接通过填闲作物来减少氮素淋溶，提高氮素利用率。本试验选择甜玉米作为填闲作物，不降低主茬番茄的产量和经济效益的前提下，显著减少土壤剖面无机氮残留，对降低土壤氮素的淋失风险具有显著作用。习斌等（2011）明确指出甜玉米作为填闲，种植填闲作物较休闲处理0～100cm土壤硝态氮表观损失量减少了28.4kg/hm^2，剖面硝态氮的累积峰也低于休闲处理；种植填闲作物并未造成下茬作物产量的降低。从降低硝态氮淋失的角度看，雨季敞棚休闲期种植填闲作物可以作为减少氮素淋失的一种有效手段。李元等（2006）研究发现夏季休闲期间种植甜玉米可大量吸收土壤中多余的营养成分，可显著降低土壤中的氮素含量，比填闲前降低了78.60%。也有试验用其他作物作为填闲得到相似结论，Jorgen Berntsen等（2006）用“FASSET”模型长期定位研究发现，长期种植黑麦草作为填闲作物可以减少22%～30%的硝态氮淋失。Ingrid K等（2005）采用“陶土吸力杯”提取深层次土壤溶液，通过大麦作为填闲作物进行研究，发现可以显著减少硝态氮淋失损失。此外，填闲作物的种植在取得一定经济效益的同时，对下茬作物的生长和产量均无显著性影响，还能够显著降低土壤剖面硝态氮的含量。

八、结论

1. 与不施肥对照相比，番茄季施肥后休闲和施肥后填闲均可显著增加番茄产量，其中优化施肥 + 休闲和常规施肥 + 填闲甜玉米相对作物相对常规施肥都可以有效增加番茄产量，但差异并不显著。各个施肥处理的氮素利用率都很低，平均在 5% 左右，优化施肥处理氮肥利用率最高，也仅达到 6.46% ~7.19%。与常规 + 休闲相比，优化施肥 + 休闲和常规 + 填闲都可以有效降低番茄收获后土层 0 ~200cm 中的硝态氮含量，两种措施降低土壤硝态氮含量的能力相当。

2. 夏季敞棚休闲期，常规施肥 + 休闲处理由于番茄季大量的氮肥投入，其土壤 90cm 处的硝态氮淋失量显著高于其他处理，占全年施氮总量的 7.97% ~8.31%。常规施肥 + 填闲处理由于填闲甜玉米吸收了大量氮素，其硝态氮淋失量明显下降，但也因为其番茄季的氮素施入量过大，其敞棚期淋溶量也高于优化施肥 + 休闲和有机肥 + 休闲等措施。因此，有必要考虑在番茄季优化施肥的基础上夏季敞棚休闲期种植填闲甜玉米，以使两种管理措施的优势最大化。

3. 从土壤—作物的氮素表观平衡看，长期高氮投入的土壤在番茄收获存在很大的淋溶风险。番茄收获后各处理都有大量氮素盈余，表现为随氮素施入量的增加而增加，施肥处理氮素盈余为 1 400 ~2 500 kg/hm^2，其中常规 + 休闲处理的氮素盈余显著高于其他处理，而常规 + 休闲处理可以大幅度降低农田氮素盈余。

参考文献

曹志宏 . 1998. 科学施肥与我国粮食安全保障 [J]. 土壤 (2): 57 -63.
陈秀荣，周琪 . 2005. 人工湿地脱氮除磷特性研究 [J]. 环境污染与防治，27 (7): 536 -529.
龚子同，黄标 . 1998. 关于土壤中化学定时炸弹及其触爆因素的探讨 [J]. 地球科学进展，13 (2): 184 -191.
郭瑞英，彭丽华，陈清，等 . 2006. 秸秆与氰胺化钙调控技术对温室黄瓜生长及氮素残留的影响 [J]. 生态环境，15 (3): 633 -636.
韩瑛祚，王秀娟，张海楼，等 . 2011. 减量施氮对保护地辣椒产量及品质的影响［J］.浙江农业科学（4）：746－748.

何传龙，马友华，于红梅，等.2010. 减量施肥对保护地土壤养分淋失及番茄产量的影响［J］.植物营养与肥料学报，16（4）：846－851.

金赞芳，王飞儿，陈英旭，等.2004. 城市地下水硝酸盐污染及其成因分析［J］.土壤学报，41（2）：252－258.

李元，高丽红，吴艳飞.2006. 夏季填闲作物对日光温室土壤环境的影响［J］.沈阳农业大学学报，37（3）：531－534.

钱海燕，王兴祥，黄国勤，等.2008. 施肥对连作蔬菜地蔬菜产量和土壤氮素含量的影响［J］.中国农学通报，24（7）：270－275.

乔红霞，汪羞德，朱爱凤，等.2005. 化学肥料减量及有机肥施用对大葱产量和品质的影响［J］.上海农业学报，21（2）：49－52.

习斌，张继宗，翟丽梅，等.2011. 甜玉米作为填闲作物对北方设施菜地土壤环境及下茬作物的影响［J］.农业环境科学学报，30（1）：113－119.

于红梅，曾燕舞.2007. 填闲作物的种植对下茬蔬菜产量及土壤硝态氮含量的影响［J］.安徽农业科学，35（8）：2 336－2 337，2 339.

赵扩元.2007. 日光温室黄瓜种植体系土壤硝酸盐淋失的阻控措施研究［D］.山东：青岛农业大学.

赵新峰，杨丽蓉，施茜，等.2008. 东北海伦地区农村地下饮用水硝态氮污染特征及其影响因素分析［J］.环境科学，29（11）：2 993－2 998.

周丹，符明明，魏金明，等.2011. 设施菜田不同施氮处理对硝酸盐迁移和积累的影响［J］.土壤通报（4）：42－2.

Ingrid K Thomsen. 2005. Nitrate leaching under spring barley is influenced by the presence of a ryegrass catch crop：Results from a lysimeter experiment ［J］. Agriculture，Ecosystems and Environment，111：21－29.

Jorgen Berntsen，Jorgen E Olesen，Bjorn M Petersen，et al. 2006. Long－term fate of nitrogen uptake in catch crops ［J］. European Journal of Agronomy，25：383－390.

SakadevanK，Bavor H J. 1998. Phosphate adsorption characteristics of soils，slags and zeolite to be used as substrates in constructed wetland systems ［J］. Water Research，32（2）：393－399.

Stites W，Kraft G J. 2001. Nitrate and chloride loading to groundwater from an irrigated north – central US. sand plain vegetable fields [J]. Journal of Environmental Quality, 30: 1 176 – 1 184.

Yadav S N. 1997. Formulation and estimation of nitrate – nitrogen leaching from corn cultivation [J]. Journal of Environmental Quality, 26 (3): 808 – 814.

第十四章　填闲甜玉米清洁高产种植操作技术

一、设施菜地夏季休闲期甜玉米高效种植技术操作规程

蔬菜的设施栽培是一种高投入、高产出的生产体系，菜农对肥料的投入普遍较为重视。尤其是氮肥的投入量远远高于作物所需，大量氮素在强灌溉下极易淋溶，增加了污染地下水的风险。因此，适量减少氮肥的投入量是减少氮素淋溶的有效方法，通过田间对比试验设置不同梯度的氮肥投入梯度，提出一个适合北方设施菜地的兼顾经济和环境效益的减量施肥方案。

番茄的生育期相对较长，一年生的一般生长期 4 到 6 个月，如果是在环境条件比较好的情况下会更长一点。番茄含有较多苹果酸、柠檬酸等有机酸、有机酸除了保护维生素 C 不被破坏尚可软化血管、促进钙、铁元素的吸收，帮助胃液消化脂肪和蛋白质，这是其他蔬菜所不及的。帮助胃液消化脂肪，番茄中含有糖类、维生素 C、维生素 B_1、维生素 B_2、胡萝卜、蛋白质以及丰富的磷、钙等。其维生素 C 的含量高、相当于苹果含量的 2～5 倍，西瓜含量的 10 倍。一个成年人若每天食用 300 克的番茄，便可满足人体一天对维生素及矿物质的需求。番茄中亦含番茄素，有抑制细菌的作用。番茄为吃素的主要蔬果，烹调种类繁多，炒、凉拌、汤、煮、炖均宜，最常用的是制成番茄酱，可储存、长期食用。

（一）范围

本规程规定了春番茄作为主茬作物生产的产地、栽培技术、病虫害防治和采收等生产技术管理措施。

本规程适用于北方设施菜地蔬菜种植区春番茄的生产并且土壤类型、施肥、管理及种植模式与本试验设施蔬菜区相同或相似的地区。

（二）规范性引用文件

下列文件中的条款通过本标准的引用而成为本标准的条款。凡是注日期的引用文件，其随后所有的修改单（不包括勘误的内容）或修订版不适用

于本标准。然而，鼓励根据本标准达成协议的各方研究是否可使用这些文件的最新版本。凡是不注日期的引用文件，其最新版本适用于本标准。

GB 16715.3—2010 瓜菜作物种子 第3部分：茄果类

GB 4285—1989 农药安全使用标准

GB/T 8321.（1～8）农药合理使用准则

GB 5084—2005 农田灌溉水质标准

GB 15618—1995 土壤环境质量标准

GB 3095—2012 环境空气质量标准

（三）生产管理

1. 品种选择

北方地区适宜春季设施栽培的番茄品种主要有东圣粉王 F1、东圣小宝101 等品种。

2. 育苗

（1）营养土的配置：将充分腐熟的有机肥和经过日晒的熟土按8∶2的比例混合，均匀铺在苗床上。

（2）种子处理：将筛选的番茄种子放在55℃的温水中浸泡15min，并不断搅拌，然后放在清水中浸种3～8h，捞起后用纱布包好在25～30℃的条件下催芽，有50%种子露白后即可播种。

（3）播种：11月中旬播种于设有保暖设备的苗床，每平方米15g，覆盖0.5cm营养土。

（4）苗期管理：待幼苗有1片真叶时移入塑料营养钵内，采用大棚内套小环棚，加盖无纺布和塑料膜，整个育苗期间以防寒保暖为主，夜间温度不低于15℃，以利花芽分化。种植前7d注意通风降温，加强炼苗。

3. 整地

及早翻耕，翻地前施肥，有机肥为鲜牛粪90 000kg/hm^2，过磷酸钙（含P_2O_5为17%）为1 500kg/hm^2，硫酸钾（含K_2O为52%）230.88kg/hm^2为钾肥总量的40%和尿素（含N为46%）157kg/hm^2为氮肥总量的20%。将肥料翻入土后，与0～20cm耕层土壤充分混合。起垄宽60cm，沟宽45cm，沟深15～20cm。

4. 定植

待秧苗有7～8张叶片时可以定植，定植选在晴天进行，每畦两行，定

植密度株距30cm。

5. 田间管理

(1) 光照、温度　定植一周内需闷棚保温，以利缓苗，7d后可逐步揭膜透光，晚上需盖膜，保持棚内温度白天在20～25℃，晚上15℃以上。遇阴雨天气，注意通风，控制湿度，降低病害发生。遇寒流和霜冻则需加强保温，防止番茄冻害。

(2) 肥水管理　由于前期地温低，灌水不利于根的生长，因此，一般不需补充水分，第一花序坐果后，可结合浇灌追肥若干次，使追肥氮素总量为全生育期氮素总量的80%（尿素628kg/hm^2），初花期10%、初果期20%、盛果期50%（分4次施用）；钾肥追肥量占全生育期的60%（硫酸钾421.32kg/hm^2），即初花期10%、初果期15%、盛果期35%（分4次施用）。

(3) 病虫害防治　对主要病害灰霉病、叶霉病、早疫病等可采用高效、低毒、低残留的农药。

(四) 采收

番茄果实有3/4面积变红时，营养价值最高，是作为鲜食的最佳时期，采收时剔除病果、畸形果，分级装箱上市。

二、填闲甜玉米高效种植技术宣传单

(一) 技术简介

该项技术主要针对敞棚期温室和大棚，通过合理布局甜玉米播种时期和播种密度，促进甜玉米高效利用光热资源、充分吸收土壤残留氮素，达到甜玉米高产并有效保护环境的目的。

(二) 技术要点

1. 播种时期

若敞棚期在80d以上，可在前茬作物收获后平整土地，直播播种甜玉米。若敞棚期在70～80d，且根据前茬种植格局适于甜玉米播种操作，可在前茬作物收获前套种甜玉米。若敞棚期在70d以下，可采用育苗移栽方法，育苗一般在敞棚前10d进行。

2. 播种密度

按大小行种植，大行80cm（2.5尺）、小行50cm（1.5尺），如图14－1所示，株距25cm（0.8尺），定植后每亩株苗3 800株左右。

3. 播种操作

可人工开沟播种，也可采用手提式玉米播种机播种，但以小型机械播种机最佳，可一次性完成开沟、播种、覆土等多项作业，每穴位播种1～2粒，籽粒播深4cm左右。

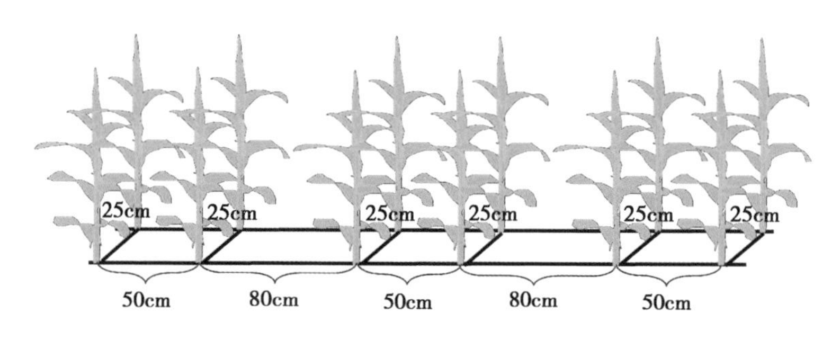

图14－1　填闲甜玉米种植行株距示意图

（三）技术效果

试验和示范效果显示：相对夏季揭棚期撂荒，推行本技术后，每亩可以收获甜玉米鲜穗1 057kg/亩，年增收1 834元以上，减少硝酸盐淋溶20kg。提高我们的收入，保护我们的生活环境，实现经济和环境效益双赢。

图14－2　填闲甜玉米种植田间实拍图片

下篇附图

图 1　区域基本状况调研

图 2　敞篷休闲期供试作物种类

图3　最佳填闲作物筛选

图 4　填闲甜玉米种植的不同播期和不同种植密度研究

图 5　试验期间土壤和植株样品采集

图 6　主茬作物番茄种植及夏季敞棚休闲期甜玉米的种植